Wolfgang Göbels

Tabellen zu Bernoullikettenlängen

Mindestanzahl der Versuche zur Erzielung wenigstens eines Treffers

GRIN Verlag

Bibliografische Information der Deutschen Nationalbibliothek:

Die Deutsche Bibliothek verzeichnet diese Publikation in der Deutschen Nationalbibliografie; detaillierte bibliografische Daten sind im Internet über http://dnb.d-nb.de/ abrufbar.

Impressum:

Druck und Bindung: Books on Demand GmbH, Norderstedt Germany
ISBN: 978-3-656-05030-8

Dieses Buch bei GRIN:

http://www.grin.com/de/e-book/181059/tabellen-zu-bernoullikettenlaengen

Wolfgang Göbels

Tabellen zu Bernoullikettenlängen

Mindestanzahl der Versuche zur Erzielung wenigstens eines Treffers

Dieses Tafelwerk ermöglicht es, bei einem Bernoulli-Experiment mit vorgegebener Trefferwahrscheinlichkeit p und Sicherheitswahrscheinlichkeit ß die Mindestanzahl n der erforderlichen Versuche abzulesen, um mit einer Sicherheitswahrscheinlichkeit von ß wenigstens einen Treffer zu erzielen.

Zu jeder Trefferwahrscheinlichkeit p von p = 0,01 bis p = 0,99 mit der Schrittweite 0,01 gehören Sicherheitswahrscheinlichkeiten ß von ß = 0,00 bis ß = 0,99 mit der Schrittweite 0,01.

Berechnungsbasis ist die Formel

$$n > \frac{\lg(1-\beta)}{\lg(1-p)},$$

die sich folgendermaßen ergibt:

$$1-B(n;p;0) > \beta \Leftrightarrow 1-\binom{n}{0}p^0(1-p)^{n-0} > \beta \Leftrightarrow 1-(1-p)^n > \beta \Leftrightarrow (1-p)^n < 1-\beta$$

$$\Leftrightarrow n\cdot\lg(1-p) < \lg(1-\beta) \Leftrightarrow n > \frac{\lg(1-\beta)}{\lg(1-p)}$$

Einen erfolgreichen Einsatz der Tabellen wünschen Ihnen Autor und Verlag!

Bernoullikettenlängen

Mindestanzahl n der Versuche bei einem Bernoulli-Experiment mit Trefferwahrscheinlichkeit p , um mit einer Sicherheitswahrscheinlichkeit von ß wenigstens einen Treffer zu erzielen.

p = 0,01		p = 0,02		p = 0,03		p = 0,04		p = 0,05		p = 0,06		p = 0,07		p = 0,08		p = 0,09	
ß	*n*	*ß*	*n*	*ß*	*n*	*ß*	*n*	*ß*	*n*	*ß*	*n*	*ß*	*n*	*ß*	*n*	*ß*	*n*
0,00	0	0,00	0	0,00	0	0,00	0	0,00	0	0,00	0	0,00	0	0,00	0	0,00	0
0,01	1	0,01	1	0,01	1	0,01	1	0,01	1	0,01	1	0,01	1	0,01	1	0,01	1
0,02	3	0,02	1	0,02	1	0,02	1	0,02	1	0,02	1	0,02	1	0,02	1	0,02	1
0,03	4	0,03	2	0,03	1	0,03	1	0,03	1	0,03	1	0,03	1	0,03	1	0,03	1
0,04	5	0,04	3	0,04	2	0,04	1	0,04	1	0,04	1	0,04	1	0,04	1	0,04	1
0,05	6	0,05	3	0,05	2	0,05	2	0,05	1	0,05	1	0,05	1	0,05	1	0,05	1
0,06	7	0,06	4	0,06	3	0,06	2	0,06	2	0,06	1	0,06	1	0,06	1	0,06	1
0,07	8	0,07	4	0,07	3	0,07	2	0,07	2	0,07	2	0,07	1	0,07	1	0,07	1
0,08	9	0,08	5	0,08	3	0,08	3	0,08	2	0,08	2	0,08	2	0,08	1	0,08	1
0,09	10	0,09	5	0,09	4	0,09	3	0,09	2	0,09	2	0,09	2	0,09	2	0,09	1
0,10	11	0,10	6	0,10	4	0,10	3	0,10	3	0,10	2	0,10	2	0,10	2	0,10	2
0,11	12	0,11	6	0,11	4	0,11	3	0,11	3	0,11	2	0,11	2	0,11	2	0,11	2
0,12	13	0,12	7	0,12	5	0,12	4	0,12	3	0,12	3	0,12	2	0,12	2	0,12	2
0,13	14	0,13	7	0,13	5	0,13	4	0,13	3	0,13	3	0,13	2	0,13	2	0,13	2
0,14	16	0,14	8	0,14	5	0,14	4	0,14	3	0,14	3	0,14	3	0,14	2	0,14	2
0,15	17	0,15	9	0,15	6	0,15	4	0,15	4	0,15	3	0,15	3	0,15	2	0,15	2
0,16	18	0,16	9	0,16	6	0,16	5	0,16	4	0,16	3	0,16	3	0,16	3	0,16	2
0,17	19	0,17	10	0,17	7	0,17	5	0,17	4	0,17	4	0,17	3	0,17	3	0,17	2
0,18	20	0,18	10	0,18	7	0,18	5	0,18	4	0,18	4	0,18	3	0,18	3	0,18	3
0,19	21	0,19	11	0,19	7	0,19	6	0,19	5	0,19	4	0,19	3	0,19	3	0,19	3
0,20	23	0,20	12	0,20	8	0,20	6	0,20	5	0,20	4	0,20	4	0,20	3	0,20	3
0,21	24	0,21	12	0,21	8	0,21	6	0,21	5	0,21	4	0,21	4	0,21	3	0,21	3
0,22	25	0,22	13	0,22	9	0,22	7	0,22	5	0,22	5	0,22	4	0,22	3	0,22	3
0,23	27	0,23	13	0,23	9	0,23	7	0,23	6	0,23	5	0,23	4	0,23	4	0,23	3
0,24	28	0,24	14	0,24	10	0,24	7	0,24	6	0,24	5	0,24	4	0,24	4	0,24	3

Bernoullikettenlängen

Mindestanzahl n der Versuche bei einem Bernoulli-Experiment mit Trefferwahrscheinlichkeit p , um mit einer Sicherheitswahrscheinlichkeit von ß wenigstens einen Treffer zu erzielen.

p = 0,10		p = 0,11		p = 0,12		p = 0,13		p = 0,14		p = 0,15		p = 0,16		p = 0,17		p = 0,18	
ß	n	ß	n	ß	n	ß	n	ß	n	ß	n	ß	n	ß	n	ß	n
0,00	0	0,00	0	0,00	0	0,00	0	0,00	0	0,00	0	0,00	0	0,00	0	0,00	0
0,01	1	0,01	1	0,01	1	0,01	1	0,01	1	0,01	1	0,01	1	0,01	1	0,01	1
0,02	1	0,02	1	0,02	1	0,02	1	0,02	1	0,02	1	0,02	1	0,02	1	0,02	1
0,03	1	0,03	1	0,03	1	0,03	1	0,03	1	0,03	1	0,03	1	0,03	1	0,03	1
0,04	1	0,04	1	0,04	1	0,04	1	0,04	1	0,04	1	0,04	1	0,04	1	0,04	1
0,05	1	0,05	1	0,05	1	0,05	1	0,05	1	0,05	1	0,05	1	0,05	1	0,05	1
0,06	1	0,06	1	0,06	1	0,06	1	0,06	1	0,06	1	0,06	1	0,06	1	0,06	1
0,07	1	0,07	1	0,07	1	0,07	1	0,07	1	0,07	1	0,07	1	0,07	1	0,07	1
0,08	1	0,08	1	0,08	1	0,08	1	0,08	1	0,08	1	0,08	1	0,08	1	0,08	1
0,09	1	0,09	1	0,09	1	0,09	1	0,09	1	0,09	1	0,09	1	0,09	1	0,09	1
0,10	1	0,10	1	0,10	1	0,10	1	0,10	1	0,10	1	0,10	1	0,10	1	0,10	1
0,11	2	0,11	1	0,11	1	0,11	1	0,11	1	0,11	1	0,11	1	0,11	1	0,11	1
0,12	2	0,12	2	0,12	1	0,12	1	0,12	1	0,12	1	0,12	1	0,12	1	0,12	1
0,13	2	0,13	2	0,13	2	0,13	1	0,13	1	0,13	1	0,13	1	0,13	1	0,13	1
0,14	2	0,14	2	0,14	2	0,14	2	0,14	1	0,14	1	0,14	1	0,14	1	0,14	1
0,15	2	0,15	2	0,15	2	0,15	2	0,15	2	0,15	1	0,15	1	0,15	1	0,15	1
0,16	2	0,16	2	0,16	2	0,16	2	0,16	2	0,16	2	0,16	1	0,16	1	0,16	1
0,17	2	0,17	2	0,17	2	0,17	2	0,17	2	0,17	2	0,17	2	0,17	1	0,17	1
0,18	2	0,18	2	0,18	2	0,18	2	0,18	2	0,18	2	0,18	2	0,18	2	0,18	1
0,19	2	0,19	2	0,19	2	0,19	2	0,19	2	0,19	2	0,19	2	0,19	2	0,19	2
0,20	3	0,20	2	0,20	2	0,20	2	0,20	2	0,20	2	0,20	2	0,20	2	0,20	2
0,21	3	0,21	3	0,21	2	0,21	2	0,21	2	0,21	2	0,21	2	0,21	2	0,21	2
0,22	3	0,22	3	0,22	2	0,22	2	0,22	2	0,22	2	0,22	2	0,22	2	0,22	2
0,23	3	0,23	3	0,23	3	0,23	2	0,23	2	0,23	2	0,23	2	0,23	2	0,23	2
0,24	3	0,24	3	0,24	3	0,24	2	0,24	2	0,24	2	0,24	2	0,24	2	0,24	2

Bernoullikettenlängen

Mindestanzahl n der Versuche bei einem Bernoulli-Experiment mit Trefferwahrscheinlichkeit p , um mit einer Sicherheitswahrscheinlichkeit von ß wenigstens einen Treffer zu erzielen.

p = 0,19		p = 0,20		p = 0,21		p = 0,22		p = 0,23		p = 0,24		p = 0,25		p = 0,26		p = 0,27	
ß	*n*	*ß*	*n*	*ß*	*n*	*ß*	*n*	*ß*	*n*	*ß*	*n*	*ß*	*n*	*ß*	*n*	*ß*	*n*
0,00	0	0,00	0	0,00	0	0,00	0	0,00	0	0,00	0	0,00	0	0,00	0	0,00	0
0,01	1	0,01	1	0,01	1	0,01	1	0,01	1	0,01	1	0,01	1	0,01	1	0,01	1
0,02	1	0,02	1	0,02	1	0,02	1	0,02	1	0,02	1	0,02	1	0,02	1	0,02	1
0,03	1	0,03	1	0,03	1	0,03	1	0,03	1	0,03	1	0,03	1	0,03	1	0,03	1
0,04	1	0,04	1	0,04	1	0,04	1	0,04	1	0,04	1	0,04	1	0,04	1	0,04	1
0,05	1	0,05	1	0,05	1	0,05	1	0,05	1	0,05	1	0,05	1	0,05	1	0,05	1
0,06	1	0,06	1	0,06	1	0,06	1	0,06	1	0,06	1	0,06	1	0,06	1	0,06	1
0,07	1	0,07	1	0,07	1	0,07	1	0,07	1	0,07	1	0,07	1	0,07	1	0,07	1
0,08	1	0,08	1	0,08	1	0,08	1	0,08	1	0,08	1	0,08	1	0,08	1	0,08	1
0,09	1	0,09	1	0,09	1	0,09	1	0,09	1	0,09	1	0,09	1	0,09	1	0,09	1
0,10	1	0,10	1	0,10	1	0,10	1	0,10	1	0,10	1	0,10	1	0,10	1	0,10	1
0,11	1	0,11	1	0,11	1	0,11	1	0,11	1	0,11	1	0,11	1	0,11	1	0,11	1
0,12	1	0,12	1	0,12	1	0,12	1	0,12	1	0,12	1	0,12	1	0,12	1	0,12	1
0,13	1	0,13	1	0,13	1	0,13	1	0,13	1	0,13	1	0,13	1	0,13	1	0,13	1
0,14	1	0,14	1	0,14	1	0,14	1	0,14	1	0,14	1	0,14	1	0,14	1	0,14	1
0,15	1	0,15	1	0,15	1	0,15	1	0,15	1	0,15	1	0,15	1	0,15	1	0,15	1
0,16	1	0,16	1	0,16	1	0,16	1	0,16	1	0,16	1	0,16	1	0,16	1	0,16	1
0,17	1	0,17	1	0,17	1	0,17	1	0,17	1	0,17	1	0,17	1	0,17	1	0,17	1
0,18	1	0,18	1	0,18	1	0,18	1	0,18	1	0,18	1	0,18	1	0,18	1	0,18	1
0,19	1	0,19	1	0,19	1	0,19	1	0,19	1	0,19	1	0,19	1	0,19	1	0,19	1
0,20	2	0,20	1	0,20	1	0,20	1	0,20	1	0,20	1	0,20	1	0,20	1	0,20	1
0,21	2	0,21	2	0,21	1	0,21	1	0,21	1	0,21	1	0,21	1	0,21	1	0,21	1
0,22	2	0,22	2	0,22	2	0,22	1	0,22	1	0,22	1	0,22	1	0,22	1	0,22	1
0,23	2	0,23	2	0,23	2	0,23	2	0,23	1	0,23	1	0,23	1	0,23	1	0,23	1
0,24	2	0,24	2	0,24	2	0,24	2	0,24	2	0,24	1	0,24	1	0,24	1	0,24	1

Bernoullikettenlängen

Mindestanzahl n der Versuche bei einem Bernoulli-Experiment mit Trefferwahrscheinlichkeit p , um mit einer Sicherheitswahrscheinlichkeit von ß wenigstens einen Treffer zu erzielen.

p = 0,28		p = 0,29		p = 0,30		p = 0,31		p = 0,32		p = 0,33		p = 0,34		p = 0,35		p = 0,36	
ß	*n*	ß	*n*	ß	*n*	ß	*n*	ß	*n*	ß	*n*	ß	*n*	ß	*n*	ß	*n*
0,00	0	0,00	0	0,00	0	0,00	0	0,00	0	0,00	0	0,00	0	0,00	0	0,00	0
0,01	1	0,01	1	0,01	1	0,01	1	0,01	1	0,01	1	0,01	1	0,01	1	0,01	1
0,02	1	0,02	1	0,02	1	0,02	1	0,02	1	0,02	1	0,02	1	0,02	1	0,02	1
0,03	1	0,03	1	0,03	1	0,03	1	0,03	1	0,03	1	0,03	1	0,03	1	0,03	1
0,04	1	0,04	1	0,04	1	0,04	1	0,04	1	0,04	1	0,04	1	0,04	1	0,04	1
0,05	1	0,05	1	0,05	1	0,05	1	0,05	1	0,05	1	0,05	1	0,05	1	0,05	1
0,06	1	0,06	1	0,06	1	0,06	1	0,06	1	0,06	1	0,06	1	0,06	1	0,06	1
0,07	1	0,07	1	0,07	1	0,07	1	0,07	1	0,07	1	0,07	1	0,07	1	0,07	1
0,08	1	0,08	1	0,08	1	0,08	1	0,08	1	0,08	1	0,08	1	0,08	1	0,08	1
0,09	1	0,09	1	0,09	1	0,09	1	0,09	1	0,09	1	0,09	1	0,09	1	0,09	1
0,10	1	0,10	1	0,10	1	0,10	1	0,10	1	0,10	1	0,10	1	0,10	1	0,10	1
0,11	1	0,11	1	0,11	1	0,11	1	0,11	1	0,11	1	0,11	1	0,11	1	0,11	1
0,12	1	0,12	1	0,12	1	0,12	1	0,12	1	0,12	1	0,12	1	0,12	1	0,12	1
0,13	1	0,13	1	0,13	1	0,13	1	0,13	1	0,13	1	0,13	1	0,13	1	0,13	1
0,14	1	0,14	1	0,14	1	0,14	1	0,14	1	0,14	1	0,14	1	0,14	1	0,14	1
0,15	1	0,15	1	0,15	1	0,15	1	0,15	1	0,15	1	0,15	1	0,15	1	0,15	1
0,16	1	0,16	1	0,16	1	0,16	1	0,16	1	0,16	1	0,16	1	0,16	1	0,16	1
0,17	1	0,17	1	0,17	1	0,17	1	0,17	1	0,17	1	0,17	1	0,17	1	0,17	1
0,18	1	0,18	1	0,18	1	0,18	1	0,18	1	0,18	1	0,18	1	0,18	1	0,18	1
0,19	1	0,19	1	0,19	1	0,19	1	0,19	1	0,19	1	0,19	1	0,19	1	0,19	1
0,20	1	0,20	1	0,20	1	0,20	1	0,20	1	0,20	1	0,20	1	0,20	1	0,20	1
0,21	1	0,21	1	0,21	1	0,21	1	0,21	1	0,21	1	0,21	1	0,21	1	0,21	1
0,22	1	0,22	1	0,22	1	0,22	1	0,22	1	0,22	1	0,22	1	0,22	1	0,22	1
0,23	1	0,23	1	0,23	1	0,23	1	0,23	1	0,23	1	0,23	1	0,23	1	0,23	1
0,24	1	0,24	1	0,24	1	0,24	1	0,24	1	0,24	1	0,24	1	0,24	1	0,24	1

Bernoullikettenlängen

Mindestanzahl n der Versuche bei einem Bernoulli-Experiment mit Trefferwahrscheinlichkeit p , um mit einer Sicherheitswahrscheinlichkeit von ß wenigstens einen Treffer zu erzielen.

p = 0,37		p = 0,38		p = 0,39		p = 0,40		p = 0,41		p = 0,42		p = 0,43		p = 0,44		p = 0,45	
ß	*n*	*ß*	*n*	*ß*	*n*	*ß*	*n*	*ß*	*n*	*ß*	*n*	*ß*	*n*	*ß*	*n*	*ß*	*n*
0,00	0	0,00	0	0,00	0	0,00	0	0,00	0	0,00	0	0,00	0	0,00	0	0,00	0
0,01	1	0,01	1	0,01	1	0,01	1	0,01	1	0,01	1	0,01	1	0,01	1	0,01	1
0,02	1	0,02	1	0,02	1	0,02	1	0,02	1	0,02	1	0,02	1	0,02	1	0,02	1
0,03	1	0,03	1	0,03	1	0,03	1	0,03	1	0,03	1	0,03	1	0,03	1	0,03	1
0,04	1	0,04	1	0,04	1	0,04	1	0,04	1	0,04	1	0,04	1	0,04	1	0,04	1
0,05	1	0,05	1	0,05	1	0,05	1	0,05	1	0,05	1	0,05	1	0,05	1	0,05	1
0,06	1	0,06	1	0,06	1	0,06	1	0,06	1	0,06	1	0,06	1	0,06	1	0,06	1
0,07	1	0,07	1	0,07	1	0,07	1	0,07	1	0,07	1	0,07	1	0,07	1	0,07	1
0,08	1	0,08	1	0,08	1	0,08	1	0,08	1	0,08	1	0,08	1	0,08	1	0,08	1
0,09	1	0,09	1	0,09	1	0,09	1	0,09	1	0,09	1	0,09	1	0,09	1	0,09	1
0,10	1	0,10	1	0,10	1	0,10	1	0,10	1	0,10	1	0,10	1	0,10	1	0,10	1
0,11	1	0,11	1	0,11	1	0,11	1	0,11	1	0,11	1	0,11	1	0,11	1	0,11	1
0,12	1	0,12	1	0,12	1	0,12	1	0,12	1	0,12	1	0,12	1	0,12	1	0,12	1
0,13	1	0,13	1	0,13	1	0,13	1	0,13	1	0,13	1	0,13	1	0,13	1	0,13	1
0,14	1	0,14	1	0,14	1	0,14	1	0,14	1	0,14	1	0,14	1	0,14	1	0,14	1
0,15	1	0,15	1	0,15	1	0,15	1	0,15	1	0,15	1	0,15	1	0,15	1	0,15	1
0,16	1	0,16	1	0,16	1	0,16	1	0,16	1	0,16	1	0,16	1	0,16	1	0,16	1
0,17	1	0,17	1	0,17	1	0,17	1	0,17	1	0,17	1	0,17	1	0,17	1	0,17	1
0,18	1	0,18	1	0,18	1	0,18	1	0,18	1	0,18	1	0,18	1	0,18	1	0,18	1
0,19	1	0,19	1	0,19	1	0,19	1	0,19	1	0,19	1	0,19	1	0,19	1	0,19	1
0,20	1	0,20	1	0,20	1	0,20	1	0,20	1	0,20	1	0,20	1	0,20	1	0,20	1
0,21	1	0,21	1	0,21	1	0,21	1	0,21	1	0,21	1	0,21	1	0,21	1	0,21	1
0,22	1	0,22	1	0,22	1	0,22	1	0,22	1	0,22	1	0,22	1	0,22	1	0,22	1
0,23	1	0,23	1	0,23	1	0,23	1	0,23	1	0,23	1	0,23	1	0,23	1	0,23	1
0,24	1	0,24	1	0,24	1	0,24	1	0,24	1	0,24	1	0,24	1	0,24	1	0,24	1

Bernoullikettenlängen

Mindestanzahl n der Versuche bei einem Bernoulli-Experiment mit Trefferwahrscheinlichkeit p , um mit einer Sicherheitswahrscheinlichkeit von ß wenigstens einen Treffer zu erzielen.

p = 0,46		p = 0,47		p = 0,48		p = 0,49		p = 0,50		p = 0,51		p = 0,52		p = 0,53		p = 0,54	
ß	*n*	*ß*	*n*	*ß*	*n*	*ß*	*n*	*ß*	*n*	*ß*	*n*	*ß*	*n*	*ß*	*n*	*ß*	*n*
0,00	0	0,00	0	0,00	0	0,00	0	0,00	0	0,00	0	0,00	0	0,00	0	0,00	0
0,01	1	0,01	1	0,01	1	0,01	1	0,01	1	0,01	1	0,01	1	0,01	1	0,01	1
0,02	1	0,02	1	0,02	1	0,02	1	0,02	1	0,02	1	0,02	1	0,02	1	0,02	1
0,03	1	0,03	1	0,03	1	0,03	1	0,03	1	0,03	1	0,03	1	0,03	1	0,03	1
0,04	1	0,04	1	0,04	1	0,04	1	0,04	1	0,04	1	0,04	1	0,04	1	0,04	1
0,05	1	0,05	1	0,05	1	0,05	1	0,05	1	0,05	1	0,05	1	0,05	1	0,05	1
0,06	1	0,06	1	0,06	1	0,06	1	0,06	1	0,06	1	0,06	1	0,06	1	0,06	1
0,07	1	0,07	1	0,07	1	0,07	1	0,07	1	0,07	1	0,07	1	0,07	1	0,07	1
0,08	1	0,08	1	0,08	1	0,08	1	0,08	1	0,08	1	0,08	1	0,08	1	0,08	1
0,09	1	0,09	1	0,09	1	0,09	1	0,09	1	0,09	1	0,09	1	0,09	1	0,09	1
0,10	1	0,10	1	0,10	1	0,10	1	0,10	1	0,10	1	0,10	1	0,10	1	0,10	1
0,11	1	0,11	1	0,11	1	0,11	1	0,11	1	0,11	1	0,11	1	0,11	1	0,11	1
0,12	1	0,12	1	0,12	1	0,12	1	0,12	1	0,12	1	0,12	1	0,12	1	0,12	1
0,13	1	0,13	1	0,13	1	0,13	1	0,13	1	0,13	1	0,13	1	0,13	1	0,13	1
0,14	1	0,14	1	0,14	1	0,14	1	0,14	1	0,14	1	0,14	1	0,14	1	0,14	1
0,15	1	0,15	1	0,15	1	0,15	1	0,15	1	0,15	1	0,15	1	0,15	1	0,15	1
0,16	1	0,16	1	0,16	1	0,16	1	0,16	1	0,16	1	0,16	1	0,16	1	0,16	1
0,17	1	0,17	1	0,17	1	0,17	1	0,17	1	0,17	1	0,17	1	0,17	1	0,17	1
0,18	1	0,18	1	0,18	1	0,18	1	0,18	1	0,18	1	0,18	1	0,18	1	0,18	1
0,19	1	0,19	1	0,19	1	0,19	1	0,19	1	0,19	1	0,19	1	0,19	1	0,19	1
0,20	1	0,20	1	0,20	1	0,20	1	0,20	1	0,20	1	0,20	1	0,20	1	0,20	1
0,21	1	0,21	1	0,21	1	0,21	1	0,21	1	0,21	1	0,21	1	0,21	1	0,21	1
0,22	1	0,22	1	0,22	1	0,22	1	0,22	1	0,22	1	0,22	1	0,22	1	0,22	1
0,23	1	0,23	1	0,23	1	0,23	1	0,23	1	0,23	1	0,23	1	0,23	1	0,23	1
0,24	1	0,24	1	0,24	1	0,24	1	0,24	1	0,24	1	0,24	1	0,24	1	0,24	1

Bernoullikettenlängen

Mindestanzahl n der Versuche bei einem Bernoulli-Experiment mit Trefferwahrscheinlichkeit p , um mit einer Sicherheitswahrscheinlichkeit von ß wenigstens einen Treffer zu erzielen.

p = 0,55		p = 0,56		p = 0,57		p = 0,58		p = 0,59		p = 0,60		p = 0,61		p = 0,62		p = 0,63	
ß	*n*	*ß*	*n*	*ß*	*n*	*ß*	*n*	*ß*	*n*	*ß*	*n*	*ß*	*n*	*ß*	*n*	*ß*	*n*
0,00	0	0,00	0	0,00	0	0,00	0	0,00	0	0,00	0	0,00	0	0,00	0	0,00	0
0,01	1	0,01	1	0,01	1	0,01	1	0,01	1	0,01	1	0,01	1	0,01	1	0,01	1
0,02	1	0,02	1	0,02	1	0,02	1	0,02	1	0,02	1	0,02	1	0,02	1	0,02	1
0,03	1	0,03	1	0,03	1	0,03	1	0,03	1	0,03	1	0,03	1	0,03	1	0,03	1
0,04	1	0,04	1	0,04	1	0,04	1	0,04	1	0,04	1	0,04	1	0,04	1	0,04	1
0,05	1	0,05	1	0,05	1	0,05	1	0,05	1	0,05	1	0,05	1	0,05	1	0,05	1
0,06	1	0,06	1	0,06	1	0,06	1	0,06	1	0,06	1	0,06	1	0,06	1	0,06	1
0,07	1	0,07	1	0,07	1	0,07	1	0,07	1	0,07	1	0,07	1	0,07	1	0,07	1
0,08	1	0,08	1	0,08	1	0,08	1	0,08	1	0,08	1	0,08	1	0,08	1	0,08	1
0,09	1	0,09	1	0,09	1	0,09	1	0,09	1	0,09	1	0,09	1	0,09	1	0,09	1
0,10	1	0,10	1	0,10	1	0,10	1	0,10	1	0,10	1	0,10	1	0,10	1	0,10	1
0,11	1	0,11	1	0,11	1	0,11	1	0,11	1	0,11	1	0,11	1	0,11	1	0,11	1
0,12	1	0,12	1	0,12	1	0,12	1	0,12	1	0,12	1	0,12	1	0,12	1	0,12	1
0,13	1	0,13	1	0,13	1	0,13	1	0,13	1	0,13	1	0,13	1	0,13	1	0,13	1
0,14	1	0,14	1	0,14	1	0,14	1	0,14	1	0,14	1	0,14	1	0,14	1	0,14	1
0,15	1	0,15	1	0,15	1	0,15	1	0,15	1	0,15	1	0,15	1	0,15	1	0,15	1
0,16	1	0,16	1	0,16	1	0,16	1	0,16	1	0,16	1	0,16	1	0,16	1	0,16	1
0,17	1	0,17	1	0,17	1	0,17	1	0,17	1	0,17	1	0,17	1	0,17	1	0,17	1
0,18	1	0,18	1	0,18	1	0,18	1	0,18	1	0,18	1	0,18	1	0,18	1	0,18	1
0,19	1	0,19	1	0,19	1	0,19	1	0,19	1	0,19	1	0,19	1	0,19	1	0,19	1
0,20	1	0,20	1	0,20	1	0,20	1	0,20	1	0,20	1	0,20	1	0,20	1	0,20	1
0,21	1	0,21	1	0,21	1	0,21	1	0,21	1	0,21	1	0,21	1	0,21	1	0,21	1
0,22	1	0,22	1	0,22	1	0,22	1	0,22	1	0,22	1	0,22	1	0,22	1	0,22	1
0,23	1	0,23	1	0,23	1	0,23	1	0,23	1	0,23	1	0,23	1	0,23	1	0,23	1
0,24	1	0,24	1	0,24	1	0,24	1	0,24	1	0,24	1	0,24	1	0,24	1	0,24	1

Bernoullikettenlängen

Mindestanzahl n der Versuche bei einem Bernoulli-Experiment mit Trefferwahrscheinlichkeit p , um mit einer Sicherheitswahrscheinlichkeit von ß wenigstens einen Treffer zu erzielen.

p = 0,64		p = 0,65		p = 0,66		p = 0,67		p = 0,68		p = 0,69		p = 0,70		p = 0,71		p = 0,72	
ß	n	ß	n	ß	n	ß	n	ß	n	ß	n	ß	n	ß	n	ß	n
0,00	0	0,00	0	0,00	0	0,00	0	0,00	0	0,00	0	0,00	0	0,00	0	0,00	0
0,01	1	0,01	1	0,01	1	0,01	1	0,01	1	0,01	1	0,01	1	0,01	1	0,01	1
0,02	1	0,02	1	0,02	1	0,02	1	0,02	1	0,02	1	0,02	1	0,02	1	0,02	1
0,03	1	0,03	1	0,03	1	0,03	1	0,03	1	0,03	1	0,03	1	0,03	1	0,03	1
0,04	1	0,04	1	0,04	1	0,04	1	0,04	1	0,04	1	0,04	1	0,04	1	0,04	1
0,05	1	0,05	1	0,05	1	0,05	1	0,05	1	0,05	1	0,05	1	0,05	1	0,05	1
0,06	1	0,06	1	0,06	1	0,06	1	0,06	1	0,06	1	0,06	1	0,06	1	0,06	1
0,07	1	0,07	1	0,07	1	0,07	1	0,07	1	0,07	1	0,07	1	0,07	1	0,07	1
0,08	1	0,08	1	0,08	1	0,08	1	0,08	1	0,08	1	0,08	1	0,08	1	0,08	1
0,09	1	0,09	1	0,09	1	0,09	1	0,09	1	0,09	1	0,09	1	0,09	1	0,09	1
0,10	1	0,10	1	0,10	1	0,10	1	0,10	1	0,10	1	0,10	1	0,10	1	0,10	1
0,11	1	0,11	1	0,11	1	0,11	1	0,11	1	0,11	1	0,11	1	0,11	1	0,11	1
0,12	1	0,12	1	0,12	1	0,12	1	0,12	1	0,12	1	0,12	1	0,12	1	0,12	1
0,13	1	0,13	1	0,13	1	0,13	1	0,13	1	0,13	1	0,13	1	0,13	1	0,13	1
0,14	1	0,14	1	0,14	1	0,14	1	0,14	1	0,14	1	0,14	1	0,14	1	0,14	1
0,15	1	0,15	1	0,15	1	0,15	1	0,15	1	0,15	1	0,15	1	0,15	1	0,15	1
0,16	1	0,16	1	0,16	1	0,16	1	0,16	1	0,16	1	0,16	1	0,16	1	0,16	1
0,17	1	0,17	1	0,17	1	0,17	1	0,17	1	0,17	1	0,17	1	0,17	1	0,17	1
0,18	1	0,18	1	0,18	1	0,18	1	0,18	1	0,18	1	0,18	1	0,18	1	0,18	1
0,19	1	0,19	1	0,19	1	0,19	1	0,19	1	0,19	1	0,19	1	0,19	1	0,19	1
0,20	1	0,20	1	0,20	1	0,20	1	0,20	1	0,20	1	0,20	1	0,20	1	0,20	1
0,21	1	0,21	1	0,21	1	0,21	1	0,21	1	0,21	1	0,21	1	0,21	1	0,21	1
0,22	1	0,22	1	0,22	1	0,22	1	0,22	1	0,22	1	0,22	1	0,22	1	0,22	1
0,23	1	0,23	1	0,23	1	0,23	1	0,23	1	0,23	1	0,23	1	0,23	1	0,23	1
0,24	1	0,24	1	0,24	1	0,24	1	0,24	1	0,24	1	0,24	1	0,24	1	0,24	1

Bernoullikettenlängen

Mindestanzahl n der Versuche bei einem Bernoulli-Experiment mit Trefferwahrscheinlichkeit p , um mit einer Sicherheitswahrscheinlichkeit von ß wenigstens einen Treffer zu erzielen.

p = 0,73		p = 0,74		p = 0,75		p = 0,76		p = 0,77		p = 0,78		p = 0,79		p = 0,80		p = 0,81	
ß	*n*	*ß*	*n*	*ß*	*n*	*ß*	*n*	*ß*	*n*	*ß*	*n*	*ß*	*n*	*ß*	*n*	*ß*	*n*
0,00	0	0,00	0	0,00	0	0,00	0	0,00	0	0,00	0	0,00	0	0,00	0	0,00	0
0,01	1	0,01	1	0,01	1	0,01	1	0,01	1	0,01	1	0,01	1	0,01	1	0,01	1
0,02	1	0,02	1	0,02	1	0,02	1	0,02	1	0,02	1	0,02	1	0,02	1	0,02	1
0,03	1	0,03	1	0,03	1	0,03	1	0,03	1	0,03	1	0,03	1	0,03	1	0,03	1
0,04	1	0,04	1	0,04	1	0,04	1	0,04	1	0,04	1	0,04	1	0,04	1	0,04	1
0,05	1	0,05	1	0,05	1	0,05	1	0,05	1	0,05	1	0,05	1	0,05	1	0,05	1
0,06	1	0,06	1	0,06	1	0,06	1	0,06	1	0,06	1	0,06	1	0,06	1	0,06	1
0,07	1	0,07	1	0,07	1	0,07	1	0,07	1	0,07	1	0,07	1	0,07	1	0,07	1
0,08	1	0,08	1	0,08	1	0,08	1	0,08	1	0,08	1	0,08	1	0,08	1	0,08	1
0,09	1	0,09	1	0,09	1	0,09	1	0,09	1	0,09	1	0,09	1	0,09	1	0,09	1
0,10	1	0,10	1	0,10	1	0,10	1	0,10	1	0,10	1	0,10	1	0,10	1	0,10	1
0,11	1	0,11	1	0,11	1	0,11	1	0,11	1	0,11	1	0,11	1	0,11	1	0,11	1
0,12	1	0,12	1	0,12	1	0,12	1	0,12	1	0,12	1	0,12	1	0,12	1	0,12	1
0,13	1	0,13	1	0,13	1	0,13	1	0,13	1	0,13	1	0,13	1	0,13	1	0,13	1
0,14	1	0,14	1	0,14	1	0,14	1	0,14	1	0,14	1	0,14	1	0,14	1	0,14	1
0,15	1	0,15	1	0,15	1	0,15	1	0,15	1	0,15	1	0,15	1	0,15	1	0,15	1
0,16	1	0,16	1	0,16	1	0,16	1	0,16	1	0,16	1	0,16	1	0,16	1	0,16	1
0,17	1	0,17	1	0,17	1	0,17	1	0,17	1	0,17	1	0,17	1	0,17	1	0,17	1
0,18	1	0,18	1	0,18	1	0,18	1	0,18	1	0,18	1	0,18	1	0,18	1	0,18	1
0,19	1	0,19	1	0,19	1	0,19	1	0,19	1	0,19	1	0,19	1	0,19	1	0,19	1
0,20	1	0,20	1	0,20	1	0,20	1	0,20	1	0,20	1	0,20	1	0,20	1	0,20	1
0,21	1	0,21	1	0,21	1	0,21	1	0,21	1	0,21	1	0,21	1	0,21	1	0,21	1
0,22	1	0,22	1	0,22	1	0,22	1	0,22	1	0,22	1	0,22	1	0,22	1	0,22	1
0,23	1	0,23	1	0,23	1	0,23	1	0,23	1	0,23	1	0,23	1	0,23	1	0,23	1
0,24	1	0,24	1	0,24	1	0,24	1	0,24	1	0,24	1	0,24	1	0,24	1	0,24	1

Bernoullikettenlängen

Mindestanzahl n der Versuche bei einem Bernoulli-Experiment mit Trefferwahrscheinlichkeit p , um mit einer Sicherheitswahrscheinlichkeit von ß wenigstens einen Treffer zu erzielen.

p = 0,82		p = 0,83		p = 0,84		p = 0,85		p = 0,86		p = 0,87		p = 0,88		p = 0,89		p = 0,90	
ß	*n*	*ß*	*n*	*ß*	*n*	*ß*	*n*	*ß*	*n*	*ß*	*n*	*ß*	*n*	*ß*	*n*	*ß*	*n*
0,00	0	0,00	0	0,00	0	0,00	0	0,00	0	0,00	0	0,00	0	0,00	0	0,00	0
0,01	1	0,01	1	0,01	1	0,01	1	0,01	1	0,01	1	0,01	1	0,01	1	0,01	1
0,02	1	0,02	1	0,02	1	0,02	1	0,02	1	0,02	1	0,02	1	0,02	1	0,02	1
0,03	1	0,03	1	0,03	1	0,03	1	0,03	1	0,03	1	0,03	1	0,03	1	0,03	1
0,04	1	0,04	1	0,04	1	0,04	1	0,04	1	0,04	1	0,04	1	0,04	1	0,04	1
0,05	1	0,05	1	0,05	1	0,05	1	0,05	1	0,05	1	0,05	1	0,05	1	0,05	1
0,06	1	0,06	1	0,06	1	0,06	1	0,06	1	0,06	1	0,06	1	0,06	1	0,06	1
0,07	1	0,07	1	0,07	1	0,07	1	0,07	1	0,07	1	0,07	1	0,07	1	0,07	1
0,08	1	0,08	1	0,08	1	0,08	1	0,08	1	0,08	1	0,08	1	0,08	1	0,08	1
0,09	1	0,09	1	0,09	1	0,09	1	0,09	1	0,09	1	0,09	1	0,09	1	0,09	1
0,10	1	0,10	1	0,10	1	0,10	1	0,10	1	0,10	1	0,10	1	0,10	1	0,10	1
0,11	1	0,11	1	0,11	1	0,11	1	0,11	1	0,11	1	0,11	1	0,11	1	0,11	1
0,12	1	0,12	1	0,12	1	0,12	1	0,12	1	0,12	1	0,12	1	0,12	1	0,12	1
0,13	1	0,13	1	0,13	1	0,13	1	0,13	1	0,13	1	0,13	1	0,13	1	0,13	1
0,14	1	0,14	1	0,14	1	0,14	1	0,14	1	0,14	1	0,14	1	0,14	1	0,14	1
0,15	1	0,15	1	0,15	1	0,15	1	0,15	1	0,15	1	0,15	1	0,15	1	0,15	1
0,16	1	0,16	1	0,16	1	0,16	1	0,16	1	0,16	1	0,16	1	0,16	1	0,16	1
0,17	1	0,17	1	0,17	1	0,17	1	0,17	1	0,17	1	0,17	1	0,17	1	0,17	1
0,18	1	0,18	1	0,18	1	0,18	1	0,18	1	0,18	1	0,18	1	0,18	1	0,18	1
0,19	1	0,19	1	0,19	1	0,19	1	0,19	1	0,19	1	0,19	1	0,19	1	0,19	1
0,20	1	0,20	1	0,20	1	0,20	1	0,20	1	0,20	1	0,20	1	0,20	1	0,20	1
0,21	1	0,21	1	0,21	1	0,21	1	0,21	1	0,21	1	0,21	1	0,21	1	0,21	1
0,22	1	0,22	1	0,22	1	0,22	1	0,22	1	0,22	1	0,22	1	0,22	1	0,22	1
0,23	1	0,23	1	0,23	1	0,23	1	0,23	1	0,23	1	0,23	1	0,23	1	0,23	1
0,24	1	0,24	1	0,24	1	0,24	1	0,24	1	0,24	1	0,24	1	0,24	1	0,24	1

Bernoullikettenlängen

Mindestanzahl n der Versuche bei einem Bernoulli-Experiment mit Trefferwahrscheinlichkeit p , um mit einer Sicherheitswahrscheinlichkeit von ß wenigstens einen Treffer zu erzielen.

p = 0,91		p = 0,92		p = 0,93		p = 0,94		p = 0,95		p = 0,96		p = 0,97		p = 0,98		p = 0,99	
ß	*n*	*ß*	*n*	*ß*	*n*	*ß*	*n*	*ß*	*n*	*ß*	*n*	*ß*	*n*	*ß*	*n*	*ß*	*n*
0,00	0	0,00	0	0,00	0	0,00	0	0,00	0	0,00	0	0,00	0	0,00	0	0,00	0
0,01	1	0,01	1	0,01	1	0,01	1	0,01	1	0,01	1	0,01	1	0,01	1	0,01	1
0,02	1	0,02	1	0,02	1	0,02	1	0,02	1	0,02	1	0,02	1	0,02	1	0,02	1
0,03	1	0,03	1	0,03	1	0,03	1	0,03	1	0,03	1	0,03	1	0,03	1	0,03	1
0,04	1	0,04	1	0,04	1	0,04	1	0,04	1	0,04	1	0,04	1	0,04	1	0,04	1
0,05	1	0,05	1	0,05	1	0,05	1	0,05	1	0,05	1	0,05	1	0,05	1	0,05	1
0,06	1	0,06	1	0,06	1	0,06	1	0,06	1	0,06	1	0,06	1	0,06	1	0,06	1
0,07	1	0,07	1	0,07	1	0,07	1	0,07	1	0,07	1	0,07	1	0,07	1	0,07	1
0,08	1	0,08	1	0,08	1	0,08	1	0,08	1	0,08	1	0,08	1	0,08	1	0,08	1
0,09	1	0,09	1	0,09	1	0,09	1	0,09	1	0,09	1	0,09	1	0,09	1	0,09	1
0,10	1	0,10	1	0,10	1	0,10	1	0,10	1	0,10	1	0,10	1	0,10	1	0,10	1
0,11	1	0,11	1	0,11	1	0,11	1	0,11	1	0,11	1	0,11	1	0,11	1	0,11	1
0,12	1	0,12	1	0,12	1	0,12	1	0,12	1	0,12	1	0,12	1	0,12	1	0,12	1
0,13	1	0,13	1	0,13	1	0,13	1	0,13	1	0,13	1	0,13	1	0,13	1	0,13	1
0,14	1	0,14	1	0,14	1	0,14	1	0,14	1	0,14	1	0,14	1	0,14	1	0,14	1
0,15	1	0,15	1	0,15	1	0,15	1	0,15	1	0,15	1	0,15	1	0,15	1	0,15	1
0,16	1	0,16	1	0,16	1	0,16	1	0,16	1	0,16	1	0,16	1	0,16	1	0,16	1
0,17	1	0,17	1	0,17	1	0,17	1	0,17	1	0,17	1	0,17	1	0,17	1	0,17	1
0,18	1	0,18	1	0,18	1	0,18	1	0,18	1	0,18	1	0,18	1	0,18	1	0,18	1
0,19	1	0,19	1	0,19	1	0,19	1	0,19	1	0,19	1	0,19	1	0,19	1	0,19	1
0,20	1	0,20	1	0,20	1	0,20	1	0,20	1	0,20	1	0,20	1	0,20	1	0,20	1
0,21	1	0,21	1	0,21	1	0,21	1	0,21	1	0,21	1	0,21	1	0,21	1	0,21	1
0,22	1	0,22	1	0,22	1	0,22	1	0,22	1	0,22	1	0,22	1	0,22	1	0,22	1
0,23	1	0,23	1	0,23	1	0,23	1	0,23	1	0,23	1	0,23	1	0,23	1	0,23	1
0,24	1	0,24	1	0,24	1	0,24	1	0,24	1	0,24	1	0,24	1	0,24	1	0,24	1

Bernoullikettenlängen

Mindestanzahl n der Versuche bei einem Bernoulli-Experiment mit Trefferwahrscheinlichkeit p , um mit einer Sicherheitswahrscheinlichkeit von ß wenigstens einen Treffer zu erzielen.

p = 0,01		p = 0,02		p = 0,03		p = 0,04		p = 0,05		p = 0,06		p = 0,07		p = 0,08		p = 0,09	
ß	*n*	*ß*	*n*	*ß*	*n*	*ß*	*n*	*ß*	*n*	*ß*	*n*	*ß*	*n*	*ß*	*n*	*ß*	*n*
0,25	29	0,25	15	0,25	10	0,25	8	0,25	6	0,25	5	0,25	4	0,25	4	0,25	4
0,26	30	0,26	15	0,26	10	0,26	8	0,26	6	0,26	5	0,26	5	0,26	4	0,26	4
0,27	32	0,27	16	0,27	11	0,27	8	0,27	7	0,27	6	0,27	5	0,27	4	0,27	4
0,28	33	0,28	17	0,28	11	0,28	9	0,28	7	0,28	6	0,28	5	0,28	4	0,28	4
0,29	35	0,29	17	0,29	12	0,29	9	0,29	7	0,29	6	0,29	5	0,29	5	0,29	4
0,30	36	0,30	18	0,30	12	0,30	9	0,30	7	0,30	6	0,30	5	0,30	5	0,30	4
0,31	37	0,31	19	0,31	13	0,31	10	0,31	8	0,31	6	0,31	6	0,31	5	0,31	4
0,32	39	0,32	20	0,32	13	0,32	10	0,32	8	0,32	7	0,32	6	0,32	5	0,32	5
0,33	40	0,33	20	0,33	14	0,33	10	0,33	8	0,33	7	0,33	6	0,33	5	0,33	5
0,34	42	0,34	21	0,34	14	0,34	11	0,34	9	0,34	7	0,34	6	0,34	5	0,34	5
0,35	43	0,35	22	0,35	15	0,35	11	0,35	9	0,35	7	0,35	6	0,35	6	0,35	5
0,36	45	0,36	23	0,36	15	0,36	11	0,36	9	0,36	8	0,36	7	0,36	6	0,36	5
0,37	46	0,37	23	0,37	16	0,37	12	0,37	10	0,37	8	0,37	7	0,37	6	0,37	5
0,38	48	0,38	24	0,38	16	0,38	12	0,38	10	0,38	8	0,38	7	0,38	6	0,38	6
0,39	50	0,39	25	0,39	17	0,39	13	0,39	10	0,39	8	0,39	7	0,39	6	0,39	6
0,40	51	0,40	26	0,40	17	0,40	13	0,40	10	0,40	9	0,40	8	0,40	7	0,40	6
0,41	53	0,41	27	0,41	18	0,41	13	0,41	11	0,41	9	0,41	8	0,41	7	0,41	6
0,42	55	0,42	27	0,42	18	0,42	14	0,42	11	0,42	9	0,42	8	0,42	7	0,42	6
0,43	56	0,43	28	0,43	19	0,43	14	0,43	11	0,43	10	0,43	8	0,43	7	0,43	6
0,44	58	0,44	29	0,44	20	0,44	15	0,44	12	0,44	10	0,44	8	0,44	7	0,44	7
0,45	60	0,45	30	0,45	20	0,45	15	0,45	12	0,45	10	0,45	9	0,45	8	0,45	7
0,46	62	0,46	31	0,46	21	0,46	16	0,46	13	0,46	10	0,46	9	0,46	8	0,46	7
0,47	64	0,47	32	0,47	21	0,47	16	0,47	13	0,47	11	0,47	9	0,47	8	0,47	7
0,48	66	0,48	33	0,48	22	0,48	17	0,48	13	0,48	11	0,48	10	0,48	8	0,48	7
0,49	67	0,49	34	0,49	23	0,49	17	0,49	14	0,49	11	0,49	10	0,49	9	0,49	8

Bernoullikettenlängen

Mindestanzahl n der Versuche bei einem Bernoulli-Experiment mit Trefferwahrscheinlichkeit p , um mit einer Sicherheitswahrscheinlichkeit von ß wenigstens einen Treffer zu erzielen.

p = 0,10		p = 0,11		p = 0,12		p = 0,13		p = 0,14		p = 0,15		p = 0,16		p = 0,17		p = 0,18	
ß	*n*	*ß*	*n*	*ß*	*n*	*ß*	*n*	*ß*	*n*	*ß*	*n*	*ß*	*n*	*ß*	*n*	*ß*	*n*
0,25	3	0,25	3	0,25	3	0,25	3	0,25	2	0,25	2	0,25	2	0,25	2	0,25	2
0,26	3	0,26	3	0,26	3	0,26	3	0,26	2	0,26	2	0,26	2	0,26	2	0,26	2
0,27	3	0,27	3	0,27	3	0,27	3	0,27	3	0,27	2	0,27	2	0,27	2	0,27	2
0,28	4	0,28	3	0,28	3	0,28	3	0,28	3	0,28	3	0,28	2	0,28	2	0,28	2
0,29	4	0,29	3	0,29	3	0,29	3	0,29	3	0,29	3	0,29	2	0,29	2	0,29	2
0,30	4	0,30	4	0,30	3	0,30	3	0,30	3	0,30	3	0,30	3	0,30	2	0,30	2
0,31	4	0,31	4	0,31	3	0,31	3	0,31	3	0,31	3	0,31	3	0,31	2	0,31	2
0,32	4	0,32	4	0,32	4	0,32	3	0,32	3	0,32	3	0,32	3	0,32	3	0,32	2
0,33	4	0,33	4	0,33	4	0,33	3	0,33	3	0,33	3	0,33	3	0,33	3	0,33	3
0,34	4	0,34	4	0,34	4	0,34	3	0,34	3	0,34	3	0,34	3	0,34	3	0,34	3
0,35	5	0,35	4	0,35	4	0,35	4	0,35	3	0,35	3	0,35	3	0,35	3	0,35	3
0,36	5	0,36	4	0,36	4	0,36	4	0,36	3	0,36	3	0,36	3	0,36	3	0,36	3
0,37	5	0,37	4	0,37	4	0,37	4	0,37	4	0,37	3	0,37	3	0,37	3	0,37	3
0,38	5	0,38	5	0,38	4	0,38	4	0,38	4	0,38	3	0,38	3	0,38	3	0,38	3
0,39	5	0,39	5	0,39	4	0,39	4	0,39	4	0,39	4	0,39	3	0,39	3	0,39	3
0,40	5	0,40	5	0,40	4	0,40	4	0,40	4	0,40	4	0,40	3	0,40	3	0,40	3
0,41	6	0,41	5	0,41	5	0,41	4	0,41	4	0,41	4	0,41	4	0,41	3	0,41	3
0,42	6	0,42	5	0,42	5	0,42	4	0,42	4	0,42	4	0,42	4	0,42	3	0,42	3
0,43	6	0,43	5	0,43	5	0,43	5	0,43	4	0,43	4	0,43	4	0,43	4	0,43	3
0,44	6	0,44	5	0,44	5	0,44	5	0,44	4	0,44	4	0,44	4	0,44	4	0,44	3
0,45	6	0,45	6	0,45	5	0,45	5	0,45	4	0,45	4	0,45	4	0,45	4	0,45	4
0,46	6	0,46	6	0,46	5	0,46	5	0,46	5	0,46	4	0,46	4	0,46	4	0,46	4
0,47	7	0,47	6	0,47	5	0,47	5	0,47	5	0,47	4	0,47	4	0,47	4	0,47	4
0,48	7	0,48	6	0,48	6	0,48	5	0,48	5	0,48	5	0,48	4	0,48	4	0,48	4
0,49	7	0,49	6	0,49	6	0,49	5	0,49	5	0,49	5	0,49	4	0,49	4	0,49	4

Bernoullikettenlängen

Mindestanzahl n der Versuche bei einem Bernoulli-Experiment mit Trefferwahrscheinlichkeit p , um mit einer Sicherheitswahrscheinlichkeit von ß wenigstens einen Treffer zu erzielen.

p = 0,19		p = 0,20		p = 0,21		p = 0,22		p = 0,23		p = 0,24		p = 0,25		p = 0,26		p = 0,27	
ß	*n*	*ß*	*n*	*ß*	*n*	*ß*	*n*	*ß*	*n*	*ß*	*n*	*ß*	*n*	*ß*	*n*	*ß*	*n*
0,25	2	0,25	2	0,25	2	0,25	2	0,25	2	0,25	2	0,25	1	0,25	1	0,25	1
0,26	2	0,26	2	0,26	2	0,26	2	0,26	2	0,26	2	0,26	2	0,26	1	0,26	1
0,27	2	0,27	2	0,27	2	0,27	2	0,27	2	0,27	2	0,27	2	0,27	2	0,27	1
0,28	2	0,28	2	0,28	2	0,28	2	0,28	2	0,28	2	0,28	2	0,28	2	0,28	2
0,29	2	0,29	2	0,29	2	0,29	2	0,29	2	0,29	2	0,29	2	0,29	2	0,29	2
0,30	2	0,30	2	0,30	2	0,30	2	0,30	2	0,30	2	0,30	2	0,30	2	0,30	2
0,31	2	0,31	2	0,31	2	0,31	2	0,31	2	0,31	2	0,31	2	0,31	2	0,31	2
0,32	2	0,32	2	0,32	2	0,32	2	0,32	2	0,32	2	0,32	2	0,32	2	0,32	2
0,33	2	0,33	2	0,33	2	0,33	2	0,33	2	0,33	2	0,33	2	0,33	2	0,33	2
0,34	2	0,34	2	0,34	2	0,34	2	0,34	2	0,34	2	0,34	2	0,34	2	0,34	2
0,35	3	0,35	2	0,35	2	0,35	2	0,35	2	0,35	2	0,35	2	0,35	2	0,35	2
0,36	3	0,36	2	0,36	2	0,36	2	0,36	2	0,36	2	0,36	2	0,36	2	0,36	2
0,37	3	0,37	3	0,37	2	0,37	2	0,37	2	0,37	2	0,37	2	0,37	2	0,37	2
0,38	3	0,38	3	0,38	3	0,38	2	0,38	2	0,38	2	0,38	2	0,38	2	0,38	2
0,39	3	0,39	3	0,39	3	0,39	2	0,39	2	0,39	2	0,39	2	0,39	2	0,39	2
0,40	3	0,40	3	0,40	3	0,40	3	0,40	2	0,40	2	0,40	2	0,40	2	0,40	2
0,41	3	0,41	3	0,41	3	0,41	3	0,41	3	0,41	2	0,41	2	0,41	2	0,41	2
0,42	3	0,42	3	0,42	3	0,42	3	0,42	3	0,42	2	0,42	2	0,42	2	0,42	2
0,43	3	0,43	3	0,43	3	0,43	3	0,43	3	0,43	3	0,43	2	0,43	2	0,43	2
0,44	3	0,44	3	0,44	3	0,44	3	0,44	3	0,44	3	0,44	3	0,44	2	0,44	2
0,45	3	0,45	3	0,45	3	0,45	3	0,45	3	0,45	3	0,45	3	0,45	2	0,45	2
0,46	3	0,46	3	0,46	3	0,46	3	0,46	3	0,46	3	0,46	3	0,46	3	0,46	2
0,47	4	0,47	3	0,47	3	0,47	3	0,47	3	0,47	3	0,47	3	0,47	3	0,47	3
0,48	4	0,48	3	0,48	3	0,48	3	0,48	3	0,48	3	0,48	3	0,48	3	0,48	3
0,49	4	0,49	4	0,49	3	0,49	3	0,49	3	0,49	3	0,49	3	0,49	3	0,49	3

Bernoullikettenlängen

Mindestanzahl n der Versuche bei einem Bernoulli-Experiment mit Trefferwahrscheinlichkeit p , um mit einer Sicherheitswahrscheinlichkeit von ß wenigstens einen Treffer zu erzielen.

p = 0,28		p = 0,29		p = 0,30		p = 0,31		p = 0,32		p = 0,33		p = 0,34		p = 0,35		p = 0,36	
ß	*n*	*ß*	*n*	*ß*	*n*	*ß*	*n*	*ß*	*n*	*ß*	*n*	*ß*	*n*	*ß*	*n*	*ß*	*n*
0,25	1	0,25	1	0,25	1	0,25	1	0,25	1	0,25	1	0,25	1	0,25	1	0,25	1
0,26	1	0,26	1	0,26	1	0,26	1	0,26	1	0,26	1	0,26	1	0,26	1	0,26	1
0,27	1	0,27	1	0,27	1	0,27	1	0,27	1	0,27	1	0,27	1	0,27	1	0,27	1
0,28	1	0,28	1	0,28	1	0,28	1	0,28	1	0,28	1	0,28	1	0,28	1	0,28	1
0,29	2	0,29	1	0,29	1	0,29	1	0,29	1	0,29	1	0,29	1	0,29	1	0,29	1
0,30	2	0,30	2	0,30	1	0,30	1	0,30	1	0,30	1	0,30	1	0,30	1	0,30	1
0,31	2	0,31	2	0,31	2	0,31	1	0,31	1	0,31	1	0,31	1	0,31	1	0,31	1
0,32	2	0,32	2	0,32	2	0,32	2	0,32	1	0,32	1	0,32	1	0,32	1	0,32	1
0,33	2	0,33	2	0,33	2	0,33	2	0,33	2	0,33	1	0,33	1	0,33	1	0,33	1
0,34	2	0,34	2	0,34	2	0,34	2	0,34	2	0,34	2	0,34	1	0,34	1	0,34	1
0,35	2	0,35	2	0,35	2	0,35	2	0,35	2	0,35	2	0,35	2	0,35	1	0,35	1
0,36	2	0,36	2	0,36	2	0,36	2	0,36	2	0,36	2	0,36	2	0,36	2	0,36	1
0,37	2	0,37	2	0,37	2	0,37	2	0,37	2	0,37	2	0,37	2	0,37	2	0,37	2
0,38	2	0,38	2	0,38	2	0,38	2	0,38	2	0,38	2	0,38	2	0,38	2	0,38	2
0,39	2	0,39	2	0,39	2	0,39	2	0,39	2	0,39	2	0,39	2	0,39	2	0,39	2
0,40	2	0,40	2	0,40	2	0,40	2	0,40	2	0,40	2	0,40	2	0,40	2	0,40	2
0,41	2	0,41	2	0,41	2	0,41	2	0,41	2	0,41	2	0,41	2	0,41	2	0,41	2
0,42	2	0,42	2	0,42	2	0,42	2	0,42	2	0,42	2	0,42	2	0,42	2	0,42	2
0,43	2	0,43	2	0,43	2	0,43	2	0,43	2	0,43	2	0,43	2	0,43	2	0,43	2
0,44	2	0,44	2	0,44	2	0,44	2	0,44	2	0,44	2	0,44	2	0,44	2	0,44	2
0,45	2	0,45	2	0,45	2	0,45	2	0,45	2	0,45	2	0,45	2	0,45	2	0,45	2
0,46	2	0,46	2	0,46	2	0,46	2	0,46	2	0,46	2	0,46	2	0,46	2	0,46	2
0,47	2	0,47	2	0,47	2	0,47	2	0,47	2	0,47	2	0,47	2	0,47	2	0,47	2
0,48	2	0,48	2	0,48	2	0,48	2	0,48	2	0,48	2	0,48	2	0,48	2	0,48	2
0,49	3	0,49	2	0,49	2	0,49	2	0,49	2	0,49	2	0,49	2	0,49	2	0,49	2

Bernoullikettenlängen

Mindestanzahl n der Versuche bei einem Bernoulli-Experiment mit Trefferwahrscheinlichkeit p , um mit einer Sicherheitswahrscheinlichkeit von ß wenigstens einen Treffer zu erzielen.

p = 0,37		p = 0,38		p = 0,39		p = 0,40		p = 0,41		p = 0,42		p = 0,43		p = 0,44		p = 0,45	
ß	*n*	*ß*	*n*	*ß*	*n*	*ß*	*n*	*ß*	*n*	*ß*	*n*	*ß*	*n*	*ß*	*n*	*ß*	*n*
0,25	1	0,25	1	0,25	1	0,25	1	0,25	1	0,25	1	0,25	1	0,25	1	0,25	1
0,26	1	0,26	1	0,26	1	0,26	1	0,26	1	0,26	1	0,26	1	0,26	1	0,26	1
0,27	1	0,27	1	0,27	1	0,27	1	0,27	1	0,27	1	0,27	1	0,27	1	0,27	1
0,28	1	0,28	1	0,28	1	0,28	1	0,28	1	0,28	1	0,28	1	0,28	1	0,28	1
0,29	1	0,29	1	0,29	1	0,29	1	0,29	1	0,29	1	0,29	1	0,29	1	0,29	1
0,30	1	0,30	1	0,30	1	0,30	1	0,30	1	0,30	1	0,30	1	0,30	1	0,30	1
0,31	1	0,31	1	0,31	1	0,31	1	0,31	1	0,31	1	0,31	1	0,31	1	0,31	1
0,32	1	0,32	1	0,32	1	0,32	1	0,32	1	0,32	1	0,32	1	0,32	1	0,32	1
0,33	1	0,33	1	0,33	1	0,33	1	0,33	1	0,33	1	0,33	1	0,33	1	0,33	1
0,34	1	0,34	1	0,34	1	0,34	1	0,34	1	0,34	1	0,34	1	0,34	1	0,34	1
0,35	1	0,35	1	0,35	1	0,35	1	0,35	1	0,35	1	0,35	1	0,35	1	0,35	1
0,36	1	0,36	1	0,36	1	0,36	1	0,36	1	0,36	1	0,36	1	0,36	1	0,36	1
0,37	1	0,37	1	0,37	1	0,37	1	0,37	1	0,37	1	0,37	1	0,37	1	0,37	1
0,38	2	0,38	1	0,38	1	0,38	1	0,38	1	0,38	1	0,38	1	0,38	1	0,38	1
0,39	2	0,39	2	0,39	1	0,39	1	0,39	1	0,39	1	0,39	1	0,39	1	0,39	1
0,40	2	0,40	2	0,40	2	0,40	1	0,40	1	0,40	1	0,40	1	0,40	1	0,40	1
0,41	2	0,41	2	0,41	2	0,41	2	0,41	1	0,41	1	0,41	1	0,41	1	0,41	1
0,42	2	0,42	2	0,42	2	0,42	2	0,42	2	0,42	1	0,42	1	0,42	1	0,42	1
0,43	2	0,43	2	0,43	2	0,43	2	0,43	2	0,43	2	0,43	1	0,43	1	0,43	1
0,44	2	0,44	2	0,44	2	0,44	2	0,44	2	0,44	2	0,44	2	0,44	1	0,44	1
0,45	2	0,45	2	0,45	2	0,45	2	0,45	2	0,45	2	0,45	2	0,45	2	0,45	1
0,46	2	0,46	2	0,46	2	0,46	2	0,46	2	0,46	2	0,46	2	0,46	2	0,46	2
0,47	2	0,47	2	0,47	2	0,47	2	0,47	2	0,47	2	0,47	2	0,47	2	0,47	2
0,48	2	0,48	2	0,48	2	0,48	2	0,48	2	0,48	2	0,48	2	0,48	2	0,48	2
0,49	2	0,49	2	0,49	2	0,49	2	0,49	2	0,49	2	0,49	2	0,49	2	0,49	2

Bernoullikettenlängen

Mindestanzahl n der Versuche bei einem Bernoulli-Experiment mit Trefferwahrscheinlichkeit p , um mit einer Sicherheitswahrscheinlichkeit von ß wenigstens einen Treffer zu erzielen.

p = 0,46		p = 0,47		p = 0,48		p = 0,49		p = 0,50		p = 0,51		p = 0,52		p = 0,53		p = 0,54	
ß	*n*	*ß*	*n*	*ß*	*n*	*ß*	*n*	*ß*	*n*	*ß*	*n*	*ß*	*n*	*ß*	*n*	*ß*	*n*
0,25	1	0,25	1	0,25	1	0,25	1	0,25	1	0,25	1	0,25	1	0,25	1	0,25	1
0,26	1	0,26	1	0,26	1	0,26	1	0,26	1	0,26	1	0,26	1	0,26	1	0,26	1
0,27	1	0,27	1	0,27	1	0,27	1	0,27	1	0,27	1	0,27	1	0,27	1	0,27	1
0,28	1	0,28	1	0,28	1	0,28	1	0,28	1	0,28	1	0,28	1	0,28	1	0,28	1
0,29	1	0,29	1	0,29	1	0,29	1	0,29	1	0,29	1	0,29	1	0,29	1	0,29	1
0,30	1	0,30	1	0,30	1	0,30	1	0,30	1	0,30	1	0,30	1	0,30	1	0,30	1
0,31	1	0,31	1	0,31	1	0,31	1	0,31	1	0,31	1	0,31	1	0,31	1	0,31	1
0,32	1	0,32	1	0,32	1	0,32	1	0,32	1	0,32	1	0,32	1	0,32	1	0,32	1
0,33	1	0,33	1	0,33	1	0,33	1	0,33	1	0,33	1	0,33	1	0,33	1	0,33	1
0,34	1	0,34	1	0,34	1	0,34	1	0,34	1	0,34	1	0,34	1	0,34	1	0,34	1
0,35	1	0,35	1	0,35	1	0,35	1	0,35	1	0,35	1	0,35	1	0,35	1	0,35	1
0,36	1	0,36	1	0,36	1	0,36	1	0,36	1	0,36	1	0,36	1	0,36	1	0,36	1
0,37	1	0,37	1	0,37	1	0,37	1	0,37	1	0,37	1	0,37	1	0,37	1	0,37	1
0,38	1	0,38	1	0,38	1	0,38	1	0,38	1	0,38	1	0,38	1	0,38	1	0,38	1
0,39	1	0,39	1	0,39	1	0,39	1	0,39	1	0,39	1	0,39	1	0,39	1	0,39	1
0,40	1	0,40	1	0,40	1	0,40	1	0,40	1	0,40	1	0,40	1	0,40	1	0,40	1
0,41	1	0,41	1	0,41	1	0,41	1	0,41	1	0,41	1	0,41	1	0,41	1	0,41	1
0,42	1	0,42	1	0,42	1	0,42	1	0,42	1	0,42	1	0,42	1	0,42	1	0,42	1
0,43	1	0,43	1	0,43	1	0,43	1	0,43	1	0,43	1	0,43	1	0,43	1	0,43	1
0,44	1	0,44	1	0,44	1	0,44	1	0,44	1	0,44	1	0,44	1	0,44	1	0,44	1
0,45	1	0,45	1	0,45	1	0,45	1	0,45	1	0,45	1	0,45	1	0,45	1	0,45	1
0,46	1	0,46	1	0,46	1	0,46	1	0,46	1	0,46	1	0,46	1	0,46	1	0,46	1
0,47	2	0,47	1	0,47	1	0,47	1	0,47	1	0,47	1	0,47	1	0,47	1	0,47	1
0,48	2	0,48	2	0,48	1	0,48	1	0,48	1	0,48	1	0,48	1	0,48	1	0,48	1
0,49	2	0,49	2	0,49	2	0,49	1	0,49	1	0,49	1	0,49	1	0,49	1	0,49	1

Bernoullikettenlängen

Mindestanzahl n der Versuche bei einem Bernoulli-Experiment mit Trefferwahrscheinlichkeit p , um mit einer Sicherheitswahrscheinlichkeit von ß wenigstens einen Treffer zu erzielen.

p = 0,55		p = 0,56		p = 0,57		p = 0,58		p = 0,59		p = 0,60		p = 0,61		p = 0,62		p = 0,63	
ß	*n*	ß	*n*	ß	*n*	ß	*n*	ß	*n*	ß	*n*	ß	*n*	ß	*n*	ß	*n*
0,25	1	0,25	1	0,25	1	0,25	1	0,25	1	0,25	1	0,25	1	0,25	1	0,25	1
0,26	1	0,26	1	0,26	1	0,26	1	0,26	1	0,26	1	0,26	1	0,26	1	0,26	1
0,27	1	0,27	1	0,27	1	0,27	1	0,27	1	0,27	1	0,27	1	0,27	1	0,27	1
0,28	1	0,28	1	0,28	1	0,28	1	0,28	1	0,28	1	0,28	1	0,28	1	0,28	1
0,29	1	0,29	1	0,29	1	0,29	1	0,29	1	0,29	1	0,29	1	0,29	1	0,29	1
0,30	1	0,30	1	0,30	1	0,30	1	0,30	1	0,30	1	0,30	1	0,30	1	0,30	1
0,31	1	0,31	1	0,31	1	0,31	1	0,31	1	0,31	1	0,31	1	0,31	1	0,31	1
0,32	1	0,32	1	0,32	1	0,32	1	0,32	1	0,32	1	0,32	1	0,32	1	0,32	1
0,33	1	0,33	1	0,33	1	0,33	1	0,33	1	0,33	1	0,33	1	0,33	1	0,33	1
0,34	1	0,34	1	0,34	1	0,34	1	0,34	1	0,34	1	0,34	1	0,34	1	0,34	1
0,35	1	0,35	1	0,35	1	0,35	1	0,35	1	0,35	1	0,35	1	0,35	1	0,35	1
0,36	1	0,36	1	0,36	1	0,36	1	0,36	1	0,36	1	0,36	1	0,36	1	0,36	1
0,37	1	0,37	1	0,37	1	0,37	1	0,37	1	0,37	1	0,37	1	0,37	1	0,37	1
0,38	1	0,38	1	0,38	1	0,38	1	0,38	1	0,38	1	0,38	1	0,38	1	0,38	1
0,39	1	0,39	1	0,39	1	0,39	1	0,39	1	0,39	1	0,39	1	0,39	1	0,39	1
0,40	1	0,40	1	0,40	1	0,40	1	0,40	1	0,40	1	0,40	1	0,40	1	0,40	1
0,41	1	0,41	1	0,41	1	0,41	1	0,41	1	0,41	1	0,41	1	0,41	1	0,41	1
0,42	1	0,42	1	0,42	1	0,42	1	0,42	1	0,42	1	0,42	1	0,42	1	0,42	1
0,43	1	0,43	1	0,43	1	0,43	1	0,43	1	0,43	1	0,43	1	0,43	1	0,43	1
0,44	1	0,44	1	0,44	1	0,44	1	0,44	1	0,44	1	0,44	1	0,44	1	0,44	1
0,45	1	0,45	1	0,45	1	0,45	1	0,45	1	0,45	1	0,45	1	0,45	1	0,45	1
0,46	1	0,46	1	0,46	1	0,46	1	0,46	1	0,46	1	0,46	1	0,46	1	0,46	1
0,47	1	0,47	1	0,47	1	0,47	1	0,47	1	0,47	1	0,47	1	0,47	1	0,47	1
0,48	1	0,48	1	0,48	1	0,48	1	0,48	1	0,48	1	0,48	1	0,48	1	0,48	1
0,49	1	0,49	1	0,49	1	0,49	1	0,49	1	0,49	1	0,49	1	0,49	1	0,49	1

Bernoullikettenlängen

Mindestanzahl n der Versuche bei einem Bernoulli-Experiment mit Trefferwahrscheinlichkeit p , um mit einer Sicherheitswahrscheinlichkeit von ß wenigstens einen Treffer zu erzielen.

p = 0,64		p = 0,65		p = 0,66		p = 0,67		p = 0,68		p = 0,69		p = 0,70		p = 0,71		p = 0,72	
ß	*n*	*ß*	*n*	*ß*	*n*	*ß*	*n*	*ß*	*n*	*ß*	*n*	*ß*	*n*	*ß*	*n*	*ß*	*n*
0,25	1	0,25	1	0,25	1	0,25	1	0,25	1	0,25	1	0,25	1	0,25	1	0,25	1
0,26	1	0,26	1	0,26	1	0,26	1	0,26	1	0,26	1	0,26	1	0,26	1	0,26	1
0,27	1	0,27	1	0,27	1	0,27	1	0,27	1	0,27	1	0,27	1	0,27	1	0,27	1
0,28	1	0,28	1	0,28	1	0,28	1	0,28	1	0,28	1	0,28	1	0,28	1	0,28	1
0,29	1	0,29	1	0,29	1	0,29	1	0,29	1	0,29	1	0,29	1	0,29	1	0,29	1
0,30	1	0,30	1	0,30	1	0,30	1	0,30	1	0,30	1	0,30	1	0,30	1	0,30	1
0,31	1	0,31	1	0,31	1	0,31	1	0,31	1	0,31	1	0,31	1	0,31	1	0,31	1
0,32	1	0,32	1	0,32	1	0,32	1	0,32	1	0,32	1	0,32	1	0,32	1	0,32	1
0,33	1	0,33	1	0,33	1	0,33	1	0,33	1	0,33	1	0,33	1	0,33	1	0,33	1
0,34	1	0,34	1	0,34	1	0,34	1	0,34	1	0,34	1	0,34	1	0,34	1	0,34	1
0,35	1	0,35	1	0,35	1	0,35	1	0,35	1	0,35	1	0,35	1	0,35	1	0,35	1
0,36	1	0,36	1	0,36	1	0,36	1	0,36	1	0,36	1	0,36	1	0,36	1	0,36	1
0,37	1	0,37	1	0,37	1	0,37	1	0,37	1	0,37	1	0,37	1	0,37	1	0,37	1
0,38	1	0,38	1	0,38	1	0,38	1	0,38	1	0,38	1	0,38	1	0,38	1	0,38	1
0,39	1	0,39	1	0,39	1	0,39	1	0,39	1	0,39	1	0,39	1	0,39	1	0,39	1
0,40	1	0,40	1	0,40	1	0,40	1	0,40	1	0,40	1	0,40	1	0,40	1	0,40	1
0,41	1	0,41	1	0,41	1	0,41	1	0,41	1	0,41	1	0,41	1	0,41	1	0,41	1
0,42	1	0,42	1	0,42	1	0,42	1	0,42	1	0,42	1	0,42	1	0,42	1	0,42	1
0,43	1	0,43	1	0,43	1	0,43	1	0,43	1	0,43	1	0,43	1	0,43	1	0,43	1
0,44	1	0,44	1	0,44	1	0,44	1	0,44	1	0,44	1	0,44	1	0,44	1	0,44	1
0,45	1	0,45	1	0,45	1	0,45	1	0,45	1	0,45	1	0,45	1	0,45	1	0,45	1
0,46	1	0,46	1	0,46	1	0,46	1	0,46	1	0,46	1	0,46	1	0,46	1	0,46	1
0,47	1	0,47	1	0,47	1	0,47	1	0,47	1	0,47	1	0,47	1	0,47	1	0,47	1
0,48	1	0,48	1	0,48	1	0,48	1	0,48	1	0,48	1	0,48	1	0,48	1	0,48	1
0,49	1	0,49	1	0,49	1	0,49	1	0,49	1	0,49	1	0,49	1	0,49	1	0,49	1

Bernoullikettenlängen

Mindestanzahl n der Versuche bei einem Bernoulli-Experiment mit Trefferwahrscheinlichkeit p , um mit einer Sicherheitswahrscheinlichkeit von ß wenigstens einen Treffer zu erzielen.

p = 0,73		p = 0,74		p = 0,75		p = 0,76		p = 0,77		p = 0,78		p = 0,79		p = 0,80		p = 0,81	
ß	n	ß	n	ß	n	ß	n	ß	n	ß	n	ß	n	ß	n	ß	n
0,25	1	0,25	1	0,25	1	0,25	1	0,25	1	0,25	1	0,25	1	0,25	1	0,25	1
0,26	1	0,26	1	0,26	1	0,26	1	0,26	1	0,26	1	0,26	1	0,26	1	0,26	1
0,27	1	0,27	1	0,27	1	0,27	1	0,27	1	0,27	1	0,27	1	0,27	1	0,27	1
0,28	1	0,28	1	0,28	1	0,28	1	0,28	1	0,28	1	0,28	1	0,28	1	0,28	1
0,29	1	0,29	1	0,29	1	0,29	1	0,29	1	0,29	1	0,29	1	0,29	1	0,29	1
0,30	1	0,30	1	0,30	1	0,30	1	0,30	1	0,30	1	0,30	1	0,30	1	0,30	1
0,31	1	0,31	1	0,31	1	0,31	1	0,31	1	0,31	1	0,31	1	0,31	1	0,31	1
0,32	1	0,32	1	0,32	1	0,32	1	0,32	1	0,32	1	0,32	1	0,32	1	0,32	1
0,33	1	0,33	1	0,33	1	0,33	1	0,33	1	0,33	1	0,33	1	0,33	1	0,33	1
0,34	1	0,34	1	0,34	1	0,34	1	0,34	1	0,34	1	0,34	1	0,34	1	0,34	1
0,35	1	0,35	1	0,35	1	0,35	1	0,35	1	0,35	1	0,35	1	0,35	1	0,35	1
0,36	1	0,36	1	0,36	1	0,36	1	0,36	1	0,36	1	0,36	1	0,36	1	0,36	1
0,37	1	0,37	1	0,37	1	0,37	1	0,37	1	0,37	1	0,37	1	0,37	1	0,37	1
0,38	1	0,38	1	0,38	1	0,38	1	0,38	1	0,38	1	0,38	1	0,38	1	0,38	1
0,39	1	0,39	1	0,39	1	0,39	1	0,39	1	0,39	1	0,39	1	0,39	1	0,39	1
0,40	1	0,40	1	0,40	1	0,40	1	0,40	1	0,40	1	0,40	1	0,40	1	0,40	1
0,41	1	0,41	1	0,41	1	0,41	1	0,41	1	0,41	1	0,41	1	0,41	1	0,41	1
0,42	1	0,42	1	0,42	1	0,42	1	0,42	1	0,42	1	0,42	1	0,42	1	0,42	1
0,43	1	0,43	1	0,43	1	0,43	1	0,43	1	0,43	1	0,43	1	0,43	1	0,43	1
0,44	1	0,44	1	0,44	1	0,44	1	0,44	1	0,44	1	0,44	1	0,44	1	0,44	1
0,45	1	0,45	1	0,45	1	0,45	1	0,45	1	0,45	1	0,45	1	0,45	1	0,45	1
0,46	1	0,46	1	0,46	1	0,46	1	0,46	1	0,46	1	0,46	1	0,46	1	0,46	1
0,47	1	0,47	1	0,47	1	0,47	1	0,47	1	0,47	1	0,47	1	0,47	1	0,47	1
0,48	1	0,48	1	0,48	1	0,48	1	0,48	1	0,48	1	0,48	1	0,48	1	0,48	1
0,49	1	0,49	1	0,49	1	0,49	1	0,49	1	0,49	1	0,49	1	0,49	1	0,49	1

Bernoullikettenlängen

Mindestanzahl n der Versuche bei einem Bernoulli-Experiment mit Trefferwahrscheinlichkeit p , um mit einer Sicherheitswahrscheinlichkeit von ß wenigstens einen Treffer zu erzielen.

p = 0,82		p = 0,83		p = 0,84		p = 0,85		p = 0,86		p = 0,87		p = 0,88		p = 0,89		p = 0,90	
ß	*n*	ß	*n*	ß	*n*	ß	*n*	ß	*n*	ß	*n*	ß	*n*	ß	*n*	ß	*n*
0,25	1	0,25	1	0,25	1	0,25	1	0,25	1	0,25	1	0,25	1	0,25	1	0,25	1
0,26	1	0,26	1	0,26	1	0,26	1	0,26	1	0,26	1	0,26	1	0,26	1	0,26	1
0,27	1	0,27	1	0,27	1	0,27	1	0,27	1	0,27	1	0,27	1	0,27	1	0,27	1
0,28	1	0,28	1	0,28	1	0,28	1	0,28	1	0,28	1	0,28	1	0,28	1	0,28	1
0,29	1	0,29	1	0,29	1	0,29	1	0,29	1	0,29	1	0,29	1	0,29	1	0,29	1
0,30	1	0,30	1	0,30	1	0,30	1	0,30	1	0,30	1	0,30	1	0,30	1	0,30	1
0,31	1	0,31	1	0,31	1	0,31	1	0,31	1	0,31	1	0,31	1	0,31	1	0,31	1
0,32	1	0,32	1	0,32	1	0,32	1	0,32	1	0,32	1	0,32	1	0,32	1	0,32	1
0,33	1	0,33	1	0,33	1	0,33	1	0,33	1	0,33	1	0,33	1	0,33	1	0,33	1
0,34	1	0,34	1	0,34	1	0,34	1	0,34	1	0,34	1	0,34	1	0,34	1	0,34	1
0,35	1	0,35	1	0,35	1	0,35	1	0,35	1	0,35	1	0,35	1	0,35	1	0,35	1
0,36	1	0,36	1	0,36	1	0,36	1	0,36	1	0,36	1	0,36	1	0,36	1	0,36	1
0,37	1	0,37	1	0,37	1	0,37	1	0,37	1	0,37	1	0,37	1	0,37	1	0,37	1
0,38	1	0,38	1	0,38	1	0,38	1	0,38	1	0,38	1	0,38	1	0,38	1	0,38	1
0,39	1	0,39	1	0,39	1	0,39	1	0,39	1	0,39	1	0,39	1	0,39	1	0,39	1
0,40	1	0,40	1	0,40	1	0,40	1	0,40	1	0,40	1	0,40	1	0,40	1	0,40	1
0,41	1	0,41	1	0,41	1	0,41	1	0,41	1	0,41	1	0,41	1	0,41	1	0,41	1
0,42	1	0,42	1	0,42	1	0,42	1	0,42	1	0,42	1	0,42	1	0,42	1	0,42	1
0,43	1	0,43	1	0,43	1	0,43	1	0,43	1	0,43	1	0,43	1	0,43	1	0,43	1
0,44	1	0,44	1	0,44	1	0,44	1	0,44	1	0,44	1	0,44	1	0,44	1	0,44	1
0,45	1	0,45	1	0,45	1	0,45	1	0,45	1	0,45	1	0,45	1	0,45	1	0,45	1
0,46	1	0,46	1	0,46	1	0,46	1	0,46	1	0,46	1	0,46	1	0,46	1	0,46	1
0,47	1	0,47	1	0,47	1	0,47	1	0,47	1	0,47	1	0,47	1	0,47	1	0,47	1
0,48	1	0,48	1	0,48	1	0,48	1	0,48	1	0,48	1	0,48	1	0,48	1	0,48	1
0,49	1	0,49	1	0,49	1	0,49	1	0,49	1	0,49	1	0,49	1	0,49	1	0,49	1

Bernoullikettenlängen

Mindestanzahl n der Versuche bei einem Bernoulli-Experiment mit Trefferwahrscheinlichkeit p , um mit einer Sicherheitswahrscheinlichkeit von ß wenigstens einen Treffer zu erzielen.

p = 0,91		p = 0,92		p = 0,93		p = 0,94		p = 0,95		p = 0,96		p = 0,97		p = 0,98		p = 0,99	
ß	*n*	*ß*	*n*	*ß*	*n*	*ß*	*n*	*ß*	*n*	*ß*	*n*	*ß*	*n*	*ß*	*n*	*ß*	*n*
0,25	1	0,25	1	0,25	1	0,25	1	0,25	1	0,25	1	0,25	1	0,25	1	0,25	1
0,26	1	0,26	1	0,26	1	0,26	1	0,26	1	0,26	1	0,26	1	0,26	1	0,26	1
0,27	1	0,27	1	0,27	1	0,27	1	0,27	1	0,27	1	0,27	1	0,27	1	0,27	1
0,28	1	0,28	1	0,28	1	0,28	1	0,28	1	0,28	1	0,28	1	0,28	1	0,28	1
0,29	1	0,29	1	0,29	1	0,29	1	0,29	1	0,29	1	0,29	1	0,29	1	0,29	1
0,30	1	0,30	1	0,30	1	0,30	1	0,30	1	0,30	1	0,30	1	0,30	1	0,30	1
0,31	1	0,31	1	0,31	1	0,31	1	0,31	1	0,31	1	0,31	1	0,31	1	0,31	1
0,32	1	0,32	1	0,32	1	0,32	1	0,32	1	0,32	1	0,32	1	0,32	1	0,32	1
0,33	1	0,33	1	0,33	1	0,33	1	0,33	1	0,33	1	0,33	1	0,33	1	0,33	1
0,34	1	0,34	1	0,34	1	0,34	1	0,34	1	0,34	1	0,34	1	0,34	1	0,34	1
0,35	1	0,35	1	0,35	1	0,35	1	0,35	1	0,35	1	0,35	1	0,35	1	0,35	1
0,36	1	0,36	1	0,36	1	0,36	1	0,36	1	0,36	1	0,36	1	0,36	1	0,36	1
0,37	1	0,37	1	0,37	1	0,37	1	0,37	1	0,37	1	0,37	1	0,37	1	0,37	1
0,38	1	0,38	1	0,38	1	0,38	1	0,38	1	0,38	1	0,38	1	0,38	1	0,38	1
0,39	1	0,39	1	0,39	1	0,39	1	0,39	1	0,39	1	0,39	1	0,39	1	0,39	1
0,40	1	0,40	1	0,40	1	0,40	1	0,40	1	0,40	1	0,40	1	0,40	1	0,40	1
0,41	1	0,41	1	0,41	1	0,41	1	0,41	1	0,41	1	0,41	1	0,41	1	0,41	1
0,42	1	0,42	1	0,42	1	0,42	1	0,42	1	0,42	1	0,42	1	0,42	1	0,42	1
0,43	1	0,43	1	0,43	1	0,43	1	0,43	1	0,43	1	0,43	1	0,43	1	0,43	1
0,44	1	0,44	1	0,44	1	0,44	1	0,44	1	0,44	1	0,44	1	0,44	1	0,44	1
0,45	1	0,45	1	0,45	1	0,45	1	0,45	1	0,45	1	0,45	1	0,45	1	0,45	1
0,46	1	0,46	1	0,46	1	0,46	1	0,46	1	0,46	1	0,46	1	0,46	1	0,46	1
0,47	1	0,47	1	0,47	1	0,47	1	0,47	1	0,47	1	0,47	1	0,47	1	0,47	1
0,48	1	0,48	1	0,48	1	0,48	1	0,48	1	0,48	1	0,48	1	0,48	1	0,48	1
0,49	1	0,49	1	0,49	1	0,49	1	0,49	1	0,49	1	0,49	1	0,49	1	0,49	1

Bernoullikettenlängen

Mindestanzahl n der Versuche bei einem Bernoulli-Experiment mit Trefferwahrscheinlichkeit p , um mit einer Sicherheitswahrscheinlichkeit von ß wenigstens einen Treffer zu erzielen.

p = 0,01		p = 0,02		p = 0,03		p = 0,04		p = 0,05		p = 0,06		p = 0,07		p = 0,08		p = 0,09	
ß	*n*	*ß*	*n*	*ß*	*n*	*ß*	*n*	*ß*	*n*	*ß*	*n*	*ß*	*n*	*ß*	*n*	*ß*	*n*
0,50	69	0,50	35	0,50	23	0,50	17	0,50	14	0,50	12	0,50	10	0,50	9	0,50	8
0,51	71	0,51	36	0,51	24	0,51	18	0,51	14	0,51	12	0,51	10	0,51	9	0,51	8
0,52	74	0,52	37	0,52	25	0,52	18	0,52	15	0,52	12	0,52	11	0,52	9	0,52	8
0,53	76	0,53	38	0,53	25	0,53	19	0,53	15	0,53	13	0,53	11	0,53	10	0,53	9
0,54	78	0,54	39	0,54	26	0,54	20	0,54	16	0,54	13	0,54	11	0,54	10	0,54	9
0,55	80	0,55	40	0,55	27	0,55	20	0,55	16	0,55	13	0,55	12	0,55	10	0,55	9
0,56	82	0,56	41	0,56	27	0,56	21	0,56	17	0,56	14	0,56	12	0,56	10	0,56	9
0,57	84	0,57	42	0,57	28	0,57	21	0,57	17	0,57	14	0,57	12	0,57	11	0,57	9
0,58	87	0,58	43	0,58	29	0,58	22	0,58	17	0,58	15	0,58	12	0,58	11	0,58	10
0,59	89	0,59	45	0,59	30	0,59	22	0,59	18	0,59	15	0,59	13	0,59	11	0,59	10
0,60	92	0,60	46	0,60	31	0,60	23	0,60	18	0,60	15	0,60	13	0,60	11	0,60	10
0,61	94	0,61	47	0,61	31	0,61	24	0,61	19	0,61	16	0,61	13	0,61	12	0,61	10
0,62	97	0,62	48	0,62	32	0,62	24	0,62	19	0,62	16	0,62	14	0,62	12	0,62	11
0,63	99	0,63	50	0,63	33	0,63	25	0,63	20	0,63	17	0,63	14	0,63	12	0,63	11
0,64	102	0,64	51	0,64	34	0,64	26	0,64	20	0,64	17	0,64	15	0,64	13	0,64	11
0,65	105	0,65	52	0,65	35	0,65	26	0,65	21	0,65	17	0,65	15	0,65	13	0,65	12
0,66	108	0,66	54	0,66	36	0,66	27	0,66	22	0,66	18	0,66	15	0,66	13	0,66	12
0,67	111	0,67	55	0,67	37	0,67	28	0,67	22	0,67	18	0,67	16	0,67	14	0,67	12
0,68	114	0,68	57	0,68	38	0,68	28	0,68	23	0,68	19	0,68	16	0,68	14	0,68	13
0,69	117	0,69	58	0,69	39	0,69	29	0,69	23	0,69	19	0,69	17	0,69	15	0,69	13
0,70	120	0,70	60	0,70	40	0,70	30	0,70	24	0,70	20	0,70	17	0,70	15	0,70	13
0,71	124	0,71	62	0,71	41	0,71	31	0,71	25	0,71	21	0,71	18	0,71	15	0,71	14
0,72	127	0,72	64	0,72	42	0,72	32	0,72	25	0,72	21	0,72	18	0,72	16	0,72	14
0,73	131	0,73	65	0,73	43	0,73	33	0,73	26	0,73	22	0,73	19	0,73	16	0,73	14
0,74	135	0,74	67	0,74	45	0,74	33	0,74	27	0,74	22	0,74	19	0,74	17	0,74	15

Bernoullikettenlängen

Mindestanzahl n der Versuche bei einem Bernoulli-Experiment mit Trefferwahrscheinlichkeit p , um mit einer Sicherheitswahrscheinlichkeit von ß wenigstens einen Treffer zu erzielen.

p = 0,10		p = 0,11		p = 0,12		p = 0,13		p = 0,14		p = 0,15		p = 0,16		p = 0,17		p = 0,18	
ß	*n*	*ß*	*n*	*ß*	*n*	*ß*	*n*	*ß*	*n*	*ß*	*n*	*ß*	*n*	*ß*	*n*	*ß*	*n*
0,50	7	0,50	6	0,50	6	0,50	5	0,50	5	0,50	5	0,50	4	0,50	4	0,50	4
0,51	7	0,51	7	0,51	6	0,51	6	0,51	5	0,51	5	0,51	5	0,51	4	0,51	4
0,52	7	0,52	7	0,52	6	0,52	6	0,52	5	0,52	5	0,52	5	0,52	4	0,52	4
0,53	8	0,53	7	0,53	6	0,53	6	0,53	6	0,53	5	0,53	5	0,53	5	0,53	4
0,54	8	0,54	7	0,54	7	0,54	6	0,54	6	0,54	5	0,54	5	0,54	5	0,54	4
0,55	8	0,55	7	0,55	7	0,55	6	0,55	6	0,55	5	0,55	5	0,55	5	0,55	5
0,56	8	0,56	8	0,56	7	0,56	6	0,56	6	0,56	6	0,56	5	0,56	5	0,56	5
0,57	9	0,57	8	0,57	7	0,57	7	0,57	6	0,57	6	0,57	5	0,57	5	0,57	5
0,58	9	0,58	8	0,58	7	0,58	7	0,58	6	0,58	6	0,58	5	0,58	5	0,58	5
0,59	9	0,59	8	0,59	7	0,59	7	0,59	6	0,59	6	0,59	6	0,59	5	0,59	5
0,60	9	0,60	8	0,60	8	0,60	7	0,60	7	0,60	6	0,60	6	0,60	5	0,60	5
0,61	9	0,61	9	0,61	8	0,61	7	0,61	7	0,61	6	0,61	6	0,61	6	0,61	5
0,62	10	0,62	9	0,62	8	0,62	7	0,62	7	0,62	6	0,62	6	0,62	6	0,62	5
0,63	10	0,63	9	0,63	8	0,63	8	0,63	7	0,63	7	0,63	6	0,63	6	0,63	6
0,64	10	0,64	9	0,64	8	0,64	8	0,64	7	0,64	7	0,64	6	0,64	6	0,64	6
0,65	10	0,65	10	0,65	9	0,65	8	0,65	7	0,65	7	0,65	7	0,65	6	0,65	6
0,66	11	0,66	10	0,66	9	0,66	8	0,66	8	0,66	7	0,66	7	0,66	6	0,66	6
0,67	11	0,67	10	0,67	9	0,67	8	0,67	8	0,67	7	0,67	7	0,67	6	0,67	6
0,68	11	0,68	10	0,68	9	0,68	9	0,68	8	0,68	8	0,68	7	0,68	7	0,68	6
0,69	12	0,69	11	0,69	10	0,69	9	0,69	8	0,69	8	0,69	7	0,69	7	0,69	6
0,70	12	0,70	11	0,70	10	0,70	9	0,70	8	0,70	8	0,70	7	0,70	7	0,70	7
0,71	12	0,71	11	0,71	10	0,71	9	0,71	9	0,71	8	0,71	8	0,71	7	0,71	7
0,72	13	0,72	11	0,72	10	0,72	10	0,72	9	0,72	8	0,72	8	0,72	7	0,72	7
0,73	13	0,73	12	0,73	11	0,73	10	0,73	9	0,73	9	0,73	8	0,73	8	0,73	7
0,74	13	0,74	12	0,74	11	0,74	10	0,74	9	0,74	9	0,74	8	0,74	8	0,74	7

Bernoullikettenlängen

Mindestanzahl n der Versuche bei einem Bernoulli-Experiment mit Trefferwahrscheinlichkeit p , um mit einer Sicherheitswahrscheinlichkeit von ß wenigstens einen Treffer zu erzielen.

p = 0,19		p = 0,20		p = 0,21		p = 0,22		p = 0,23		p = 0,24		p = 0,25		p = 0,26		p = 0,27	
ß	*n*	*ß*	*n*	*ß*	*n*	*ß*	*n*	*ß*	*n*	*ß*	*n*	*ß*	*n*	*ß*	*n*	*ß*	*n*
0,50	4	0,50	4	0,50	3	0,50	3	0,50	3	0,50	3	0,50	3	0,50	3	0,50	3
0,51	4	0,51	4	0,51	4	0,51	3	0,51	3	0,51	3	0,51	3	0,51	3	0,51	3
0,52	4	0,52	4	0,52	4	0,52	3	0,52	3	0,52	3	0,52	3	0,52	3	0,52	3
0,53	4	0,53	4	0,53	4	0,53	4	0,53	3	0,53	3	0,53	3	0,53	3	0,53	3
0,54	4	0,54	4	0,54	4	0,54	4	0,54	3	0,54	3	0,54	3	0,54	3	0,54	3
0,55	4	0,55	4	0,55	4	0,55	4	0,55	4	0,55	3	0,55	3	0,55	3	0,55	3
0,56	4	0,56	4	0,56	4	0,56	4	0,56	4	0,56	3	0,56	3	0,56	3	0,56	3
0,57	5	0,57	4	0,57	4	0,57	4	0,57	4	0,57	4	0,57	3	0,57	3	0,57	3
0,58	5	0,58	4	0,58	4	0,58	4	0,58	4	0,58	4	0,58	4	0,58	3	0,58	3
0,59	5	0,59	4	0,59	4	0,59	4	0,59	4	0,59	4	0,59	4	0,59	3	0,59	3
0,60	5	0,60	5	0,60	4	0,60	4	0,60	4	0,60	4	0,60	4	0,60	4	0,60	3
0,61	5	0,61	5	0,61	4	0,61	4	0,61	4	0,61	4	0,61	4	0,61	4	0,61	3
0,62	5	0,62	5	0,62	5	0,62	4	0,62	4	0,62	4	0,62	4	0,62	4	0,62	4
0,63	5	0,63	5	0,63	5	0,63	5	0,63	4	0,63	4	0,63	4	0,63	4	0,63	4
0,64	5	0,64	5	0,64	5	0,64	5	0,64	4	0,64	4	0,64	4	0,64	4	0,64	4
0,65	5	0,65	5	0,65	5	0,65	5	0,65	5	0,65	4	0,65	4	0,65	4	0,65	4
0,66	6	0,66	5	0,66	5	0,66	5	0,66	5	0,66	4	0,66	4	0,66	4	0,66	4
0,67	6	0,67	5	0,67	5	0,67	5	0,67	5	0,67	5	0,67	4	0,67	4	0,67	4
0,68	6	0,68	6	0,68	5	0,68	5	0,68	5	0,68	5	0,68	4	0,68	4	0,68	4
0,69	6	0,69	6	0,69	5	0,69	5	0,69	5	0,69	5	0,69	5	0,69	4	0,69	4
0,70	6	0,70	6	0,70	6	0,70	5	0,70	5	0,70	5	0,70	5	0,70	4	0,70	4
0,71	6	0,71	6	0,71	6	0,71	5	0,71	5	0,71	5	0,71	5	0,71	5	0,71	4
0,72	7	0,72	6	0,72	6	0,72	6	0,72	5	0,72	5	0,72	5	0,72	5	0,72	5
0,73	7	0,73	6	0,73	6	0,73	6	0,73	6	0,73	5	0,73	5	0,73	5	0,73	5
0,74	7	0,74	7	0,74	6	0,74	6	0,74	6	0,74	5	0,74	5	0,74	5	0,74	5

Bernoullikettenlängen

Mindestanzahl n der Versuche bei einem Bernoulli-Experiment mit Trefferwahrscheinlichkeit p , um mit einer Sicherheitswahrscheinlichkeit von ß wenigstens einen Treffer zu erzielen.

p = 0,28		p = 0,29		p = 0,30		p = 0,31		p = 0,32		p = 0,33		p = 0,34		p = 0,35		p = 0,36	
ß	*n*	*ß*	*n*	*ß*	*n*	*ß*	*n*	*ß*	*n*	*ß*	*n*	*ß*	*n*	*ß*	*n*	*ß*	*n*
0,50	3	0,50	3	0,50	2	0,50	2	0,50	2	0,50	2	0,50	2	0,50	2	0,50	2
0,51	3	0,51	3	0,51	2	0,51	2	0,51	2	0,51	2	0,51	2	0,51	2	0,51	2
0,52	3	0,52	3	0,52	3	0,52	2	0,52	2	0,52	2	0,52	2	0,52	2	0,52	2
0,53	3	0,53	3	0,53	3	0,53	3	0,53	2	0,53	2	0,53	2	0,53	2	0,53	2
0,54	3	0,54	3	0,54	3	0,54	3	0,54	3	0,54	2	0,54	2	0,54	2	0,54	2
0,55	3	0,55	3	0,55	3	0,55	3	0,55	3	0,55	2	0,55	2	0,55	2	0,55	2
0,56	3	0,56	3	0,56	3	0,56	3	0,56	3	0,56	3	0,56	2	0,56	2	0,56	2
0,57	3	0,57	3	0,57	3	0,57	3	0,57	3	0,57	3	0,57	3	0,57	2	0,57	2
0,58	3	0,58	3	0,58	3	0,58	3	0,58	3	0,58	3	0,58	3	0,58	3	0,58	2
0,59	3	0,59	3	0,59	3	0,59	3	0,59	3	0,59	3	0,59	3	0,59	3	0,59	2
0,60	3	0,60	3	0,60	3	0,60	3	0,60	3	0,60	3	0,60	3	0,60	3	0,60	3
0,61	3	0,61	3	0,61	3	0,61	3	0,61	3	0,61	3	0,61	3	0,61	3	0,61	3
0,62	3	0,62	3	0,62	3	0,62	3	0,62	3	0,62	3	0,62	3	0,62	3	0,62	3
0,63	4	0,63	3	0,63	3	0,63	3	0,63	3	0,63	3	0,63	3	0,63	3	0,63	3
0,64	4	0,64	3	0,64	3	0,64	3	0,64	3	0,64	3	0,64	3	0,64	3	0,64	3
0,65	4	0,65	4	0,65	3	0,65	3	0,65	3	0,65	3	0,65	3	0,65	3	0,65	3
0,66	4	0,66	4	0,66	4	0,66	3	0,66	3	0,66	3	0,66	3	0,66	3	0,66	3
0,67	4	0,67	4	0,67	4	0,67	3	0,67	3	0,67	3	0,67	3	0,67	3	0,67	3
0,68	4	0,68	4	0,68	4	0,68	4	0,68	3	0,68	3	0,68	3	0,68	3	0,68	3
0,69	4	0,69	4	0,69	4	0,69	4	0,69	4	0,69	3	0,69	3	0,69	3	0,69	3
0,70	4	0,70	4	0,70	4	0,70	4	0,70	4	0,70	4	0,70	3	0,70	3	0,70	3
0,71	4	0,71	4	0,71	4	0,71	4	0,71	4	0,71	4	0,71	3	0,71	3	0,71	3
0,72	4	0,72	4	0,72	4	0,72	4	0,72	4	0,72	4	0,72	4	0,72	3	0,72	3
0,73	4	0,73	4	0,73	4	0,73	4	0,73	4	0,73	4	0,73	4	0,73	4	0,73	3
0,74	5	0,74	4	0,74	4	0,74	4	0,74	4	0,74	4	0,74	4	0,74	4	0,74	4

Bernoullikettenlängen

Mindestanzahl n der Versuche bei einem Bernoulli-Experiment mit Trefferwahrscheinlichkeit p , um mit einer Sicherheitswahrscheinlichkeit von ß wenigstens einen Treffer zu erzielen.

p = 0,37		p = 0,38		p = 0,39		p = 0,40		p = 0,41		p = 0,42		p = 0,43		p = 0,44		p = 0,45	
ß	*n*	ß	*n*	ß	*n*	ß	*n*	ß	*n*	ß	*n*	ß	*n*	ß	*n*	ß	*n*
0,50	2	0,50	2	0,50	2	0,50	2	0,50	2	0,50	2	0,50	2	0,50	2	0,50	2
0,51	2	0,51	2	0,51	2	0,51	2	0,51	2	0,51	2	0,51	2	0,51	2	0,51	2
0,52	2	0,52	2	0,52	2	0,52	2	0,52	2	0,52	2	0,52	2	0,52	2	0,52	2
0,53	2	0,53	2	0,53	2	0,53	2	0,53	2	0,53	2	0,53	2	0,53	2	0,53	2
0,54	2	0,54	2	0,54	2	0,54	2	0,54	2	0,54	2	0,54	2	0,54	2	0,54	2
0,55	2	0,55	2	0,55	2	0,55	2	0,55	2	0,55	2	0,55	2	0,55	2	0,55	2
0,56	2	0,56	2	0,56	2	0,56	2	0,56	2	0,56	2	0,56	2	0,56	2	0,56	2
0,57	2	0,57	2	0,57	2	0,57	2	0,57	2	0,57	2	0,57	2	0,57	2	0,57	2
0,58	2	0,58	2	0,58	2	0,58	2	0,58	2	0,58	2	0,58	2	0,58	2	0,58	2
0,59	2	0,59	2	0,59	2	0,59	2	0,59	2	0,59	2	0,59	2	0,59	2	0,59	2
0,60	2	0,60	2	0,60	2	0,60	2	0,60	2	0,60	2	0,60	2	0,60	2	0,60	2
0,61	3	0,61	2	0,61	2	0,61	2	0,61	2	0,61	2	0,61	2	0,61	2	0,61	2
0,62	3	0,62	3	0,62	2	0,62	2	0,62	2	0,62	2	0,62	2	0,62	2	0,62	2
0,63	3	0,63	3	0,63	3	0,63	2	0,63	2	0,63	2	0,63	2	0,63	2	0,63	2
0,64	3	0,64	3	0,64	3	0,64	2	0,64	2	0,64	2	0,64	2	0,64	2	0,64	2
0,65	3	0,65	3	0,65	3	0,65	3	0,65	2	0,65	2	0,65	2	0,65	2	0,65	2
0,66	3	0,66	3	0,66	3	0,66	3	0,66	3	0,66	2	0,66	2	0,66	2	0,66	2
0,67	3	0,67	3	0,67	3	0,67	3	0,67	3	0,67	3	0,67	2	0,67	2	0,67	2
0,68	3	0,68	3	0,68	3	0,68	3	0,68	3	0,68	3	0,68	3	0,68	2	0,68	2
0,69	3	0,69	3	0,69	3	0,69	3	0,69	3	0,69	3	0,69	3	0,69	3	0,69	2
0,70	3	0,70	3	0,70	3	0,70	3	0,70	3	0,70	3	0,70	3	0,70	3	0,70	3
0,71	3	0,71	3	0,71	3	0,71	3	0,71	3	0,71	3	0,71	3	0,71	3	0,71	3
0,72	3	0,72	3	0,72	3	0,72	3	0,72	3	0,72	3	0,72	3	0,72	3	0,72	3
0,73	3	0,73	3	0,73	3	0,73	3	0,73	3	0,73	3	0,73	3	0,73	3	0,73	3
0,74	3	0,74	3	0,74	3	0,74	3	0,74	3	0,74	3	0,74	3	0,74	3	0,74	3

Bernoullikettenlängen

Mindestanzahl n der Versuche bei einem Bernoulli-Experiment mit Trefferwahrscheinlichkeit p , um mit einer Sicherheitswahrscheinlichkeit von ß wenigstens einen Treffer zu erzielen.

p = 0,46		p = 0,47		p = 0,48		p = 0,49		p = 0,50		p = 0,51		p = 0,52		p = 0,53		p = 0,54	
ß	*n*	*ß*	*n*	*ß*	*n*	*ß*	*n*	*ß*	*n*	*ß*	*n*	*ß*	*n*	*ß*	*n*	*ß*	*n*
0,50	2	0,50	2	0,50	2	0,50	2	0,50	1	0,50	1	0,50	1	0,50	1	0,50	1
0,51	2	0,51	2	0,51	2	0,51	2	0,51	2	0,51	1	0,51	1	0,51	1	0,51	1
0,52	2	0,52	2	0,52	2	0,52	2	0,52	2	0,52	2	0,52	1	0,52	1	0,52	1
0,53	2	0,53	2	0,53	2	0,53	2	0,53	2	0,53	2	0,53	2	0,53	1	0,53	1
0,54	2	0,54	2	0,54	2	0,54	2	0,54	2	0,54	2	0,54	2	0,54	2	0,54	1
0,55	2	0,55	2	0,55	2	0,55	2	0,55	2	0,55	2	0,55	2	0,55	2	0,55	2
0,56	2	0,56	2	0,56	2	0,56	2	0,56	2	0,56	2	0,56	2	0,56	2	0,56	2
0,57	2	0,57	2	0,57	2	0,57	2	0,57	2	0,57	2	0,57	2	0,57	2	0,57	2
0,58	2	0,58	2	0,58	2	0,58	2	0,58	2	0,58	2	0,58	2	0,58	2	0,58	2
0,59	2	0,59	2	0,59	2	0,59	2	0,59	2	0,59	2	0,59	2	0,59	2	0,59	2
0,60	2	0,60	2	0,60	2	0,60	2	0,60	2	0,60	2	0,60	2	0,60	2	0,60	2
0,61	2	0,61	2	0,61	2	0,61	2	0,61	2	0,61	2	0,61	2	0,61	2	0,61	2
0,62	2	0,62	2	0,62	2	0,62	2	0,62	2	0,62	2	0,62	2	0,62	2	0,62	2
0,63	2	0,63	2	0,63	2	0,63	2	0,63	2	0,63	2	0,63	2	0,63	2	0,63	2
0,64	2	0,64	2	0,64	2	0,64	2	0,64	2	0,64	2	0,64	2	0,64	2	0,64	2
0,65	2	0,65	2	0,65	2	0,65	2	0,65	2	0,65	2	0,65	2	0,65	2	0,65	2
0,66	2	0,66	2	0,66	2	0,66	2	0,66	2	0,66	2	0,66	2	0,66	2	0,66	2
0,67	2	0,67	2	0,67	2	0,67	2	0,67	2	0,67	2	0,67	2	0,67	2	0,67	2
0,68	2	0,68	2	0,68	2	0,68	2	0,68	2	0,68	2	0,68	2	0,68	2	0,68	2
0,69	2	0,69	2	0,69	2	0,69	2	0,69	2	0,69	2	0,69	2	0,69	2	0,69	2
0,70	2	0,70	2	0,70	2	0,70	2	0,70	2	0,70	2	0,70	2	0,70	2	0,70	2
0,71	3	0,71	2	0,71	2	0,71	2	0,71	2	0,71	2	0,71	2	0,71	2	0,71	2
0,72	3	0,72	3	0,72	2	0,72	2	0,72	2	0,72	2	0,72	2	0,72	2	0,72	2
0,73	3	0,73	3	0,73	3	0,73	2	0,73	2	0,73	2	0,73	2	0,73	2	0,73	2
0,74	3	0,74	3	0,74	3	0,74	3	0,74	2	0,74	2	0,74	2	0,74	2	0,74	2

Bernoullikettenlängen

Mindestanzahl n der Versuche bei einem Bernoulli-Experiment mit Trefferwahrscheinlichkeit p , um mit einer Sicherheitswahrscheinlichkeit von ß wenigstens einen Treffer zu erzielen.

p = 0,55		p = 0,56		p = 0,57		p = 0,58		p = 0,59		p = 0,60		p = 0,61		p = 0,62		p = 0,63	
ß	*n*	*ß*	*n*	*ß*	*n*	*ß*	*n*	*ß*	*n*	*ß*	*n*	*ß*	*n*	*ß*	*n*	*ß*	*n*
0,50	1	0,50	1	0,50	1	0,50	1	0,50	1	0,50	1	0,50	1	0,50	1	0,50	1
0,51	1	0,51	1	0,51	1	0,51	1	0,51	1	0,51	1	0,51	1	0,51	1	0,51	1
0,52	1	0,52	1	0,52	1	0,52	1	0,52	1	0,52	1	0,52	1	0,52	1	0,52	1
0,53	1	0,53	1	0,53	1	0,53	1	0,53	1	0,53	1	0,53	1	0,53	1	0,53	1
0,54	1	0,54	1	0,54	1	0,54	1	0,54	1	0,54	1	0,54	1	0,54	1	0,54	1
0,55	1	0,55	1	0,55	1	0,55	1	0,55	1	0,55	1	0,55	1	0,55	1	0,55	1
0,56	2	0,56	1	0,56	1	0,56	1	0,56	1	0,56	1	0,56	1	0,56	1	0,56	1
0,57	2	0,57	2	0,57	1	0,57	1	0,57	1	0,57	1	0,57	1	0,57	1	0,57	1
0,58	2	0,58	2	0,58	2	0,58	1	0,58	1	0,58	1	0,58	1	0,58	1	0,58	1
0,59	2	0,59	2	0,59	2	0,59	2	0,59	1	0,59	1	0,59	1	0,59	1	0,59	1
0,60	2	0,60	2	0,60	2	0,60	2	0,60	2	0,60	1	0,60	1	0,60	1	0,60	1
0,61	2	0,61	2	0,61	2	0,61	2	0,61	2	0,61	2	0,61	1	0,61	1	0,61	1
0,62	2	0,62	2	0,62	2	0,62	2	0,62	2	0,62	2	0,62	2	0,62	1	0,62	1
0,63	2	0,63	2	0,63	2	0,63	2	0,63	2	0,63	2	0,63	2	0,63	2	0,63	1
0,64	2	0,64	2	0,64	2	0,64	2	0,64	2	0,64	2	0,64	2	0,64	2	0,64	2
0,65	2	0,65	2	0,65	2	0,65	2	0,65	2	0,65	2	0,65	2	0,65	2	0,65	2
0,66	2	0,66	2	0,66	2	0,66	2	0,66	2	0,66	2	0,66	2	0,66	2	0,66	2
0,67	2	0,67	2	0,67	2	0,67	2	0,67	2	0,67	2	0,67	2	0,67	2	0,67	2
0,68	2	0,68	2	0,68	2	0,68	2	0,68	2	0,68	2	0,68	2	0,68	2	0,68	2
0,69	2	0,69	2	0,69	2	0,69	2	0,69	2	0,69	2	0,69	2	0,69	2	0,69	2
0,70	2	0,70	2	0,70	2	0,70	2	0,70	2	0,70	2	0,70	2	0,70	2	0,70	2
0,71	2	0,71	2	0,71	2	0,71	2	0,71	2	0,71	2	0,71	2	0,71	2	0,71	2
0,72	2	0,72	2	0,72	2	0,72	2	0,72	2	0,72	2	0,72	2	0,72	2	0,72	2
0,73	2	0,73	2	0,73	2	0,73	2	0,73	2	0,73	2	0,73	2	0,73	2	0,73	2
0,74	2	0,74	2	0,74	2	0,74	2	0,74	2	0,74	2	0,74	2	0,74	2	0,74	2

Bernoullikettenlängen

Mindestanzahl n der Versuche bei einem Bernoulli-Experiment mit Trefferwahrscheinlichkeit p , um mit einer Sicherheitswahrscheinlichkeit von ß wenigstens einen Treffer zu erzielen.

p = 0,64		p = 0,65		p = 0,66		p = 0,67		p = 0,68		p = 0,69		p = 0,70		p = 0,71		p = 0,72	
ß	*n*	*ß*	*n*	*ß*	*n*	*ß*	*n*	*ß*	*n*	*ß*	*n*	*ß*	*n*	*ß*	*n*	*ß*	*n*
0,50	1	0,50	1	0,50	1	0,50	1	0,50	1	0,50	1	0,50	1	0,50	1	0,50	1
0,51	1	0,51	1	0,51	1	0,51	1	0,51	1	0,51	1	0,51	1	0,51	1	0,51	1
0,52	1	0,52	1	0,52	1	0,52	1	0,52	1	0,52	1	0,52	1	0,52	1	0,52	1
0,53	1	0,53	1	0,53	1	0,53	1	0,53	1	0,53	1	0,53	1	0,53	1	0,53	1
0,54	1	0,54	1	0,54	1	0,54	1	0,54	1	0,54	1	0,54	1	0,54	1	0,54	1
0,55	1	0,55	1	0,55	1	0,55	1	0,55	1	0,55	1	0,55	1	0,55	1	0,55	1
0,56	1	0,56	1	0,56	1	0,56	1	0,56	1	0,56	1	0,56	1	0,56	1	0,56	1
0,57	1	0,57	1	0,57	1	0,57	1	0,57	1	0,57	1	0,57	1	0,57	1	0,57	1
0,58	1	0,58	1	0,58	1	0,58	1	0,58	1	0,58	1	0,58	1	0,58	1	0,58	1
0,59	1	0,59	1	0,59	1	0,59	1	0,59	1	0,59	1	0,59	1	0,59	1	0,59	1
0,60	1	0,60	1	0,60	1	0,60	1	0,60	1	0,60	1	0,60	1	0,60	1	0,60	1
0,61	1	0,61	1	0,61	1	0,61	1	0,61	1	0,61	1	0,61	1	0,61	1	0,61	1
0,62	1	0,62	1	0,62	1	0,62	1	0,62	1	0,62	1	0,62	1	0,62	1	0,62	1
0,63	1	0,63	1	0,63	1	0,63	1	0,63	1	0,63	1	0,63	1	0,63	1	0,63	1
0,64	1	0,64	1	0,64	1	0,64	1	0,64	1	0,64	1	0,64	1	0,64	1	0,64	1
0,65	2	0,65	1	0,65	1	0,65	1	0,65	1	0,65	1	0,65	1	0,65	1	0,65	1
0,66	2	0,66	2	0,66	1	0,66	1	0,66	1	0,66	1	0,66	1	0,66	1	0,66	1
0,67	2	0,67	2	0,67	2	0,67	1	0,67	1	0,67	1	0,67	1	0,67	1	0,67	1
0,68	2	0,68	2	0,68	2	0,68	2	0,68	1	0,68	1	0,68	1	0,68	1	0,68	1
0,69	2	0,69	2	0,69	2	0,69	2	0,69	2	0,69	1	0,69	1	0,69	1	0,69	1
0,70	2	0,70	2	0,70	2	0,70	2	0,70	2	0,70	2	0,70	1	0,70	1	0,70	1
0,71	2	0,71	2	0,71	2	0,71	2	0,71	2	0,71	2	0,71	2	0,71	1	0,71	1
0,72	2	0,72	2	0,72	2	0,72	2	0,72	2	0,72	2	0,72	2	0,72	2	0,72	1
0,73	2	0,73	2	0,73	2	0,73	2	0,73	2	0,73	2	0,73	2	0,73	2	0,73	2
0,74	2	0,74	2	0,74	2	0,74	2	0,74	2	0,74	2	0,74	2	0,74	2	0,74	2

Bernoullikettenlängen

Mindestanzahl n der Versuche bei einem Bernoulli-Experiment mit Trefferwahrscheinlichkeit p , um mit einer Sicherheitswahrscheinlichkeit von ß wenigstens einen Treffer zu erzielen.

p = 0,73		p = 0,74		p = 0,75		p = 0,76		p = 0,77		p = 0,78		p = 0,79		p = 0,80		p = 0,81	
ß	*n*	*ß*	*n*	*ß*	*n*	*ß*	*n*	*ß*	*n*	*ß*	*n*	*ß*	*n*	*ß*	*n*	*ß*	*n*
0,50	1	0,50	1	0,50	1	0,50	1	0,50	1	0,50	1	0,50	1	0,50	1	0,50	1
0,51	1	0,51	1	0,51	1	0,51	1	0,51	1	0,51	1	0,51	1	0,51	1	0,51	1
0,52	1	0,52	1	0,52	1	0,52	1	0,52	1	0,52	1	0,52	1	0,52	1	0,52	1
0,53	1	0,53	1	0,53	1	0,53	1	0,53	1	0,53	1	0,53	1	0,53	1	0,53	1
0,54	1	0,54	1	0,54	1	0,54	1	0,54	1	0,54	1	0,54	1	0,54	1	0,54	1
0,55	1	0,55	1	0,55	1	0,55	1	0,55	1	0,55	1	0,55	1	0,55	1	0,55	1
0,56	1	0,56	1	0,56	1	0,56	1	0,56	1	0,56	1	0,56	1	0,56	1	0,56	1
0,57	1	0,57	1	0,57	1	0,57	1	0,57	1	0,57	1	0,57	1	0,57	1	0,57	1
0,58	1	0,58	1	0,58	1	0,58	1	0,58	1	0,58	1	0,58	1	0,58	1	0,58	1
0,59	1	0,59	1	0,59	1	0,59	1	0,59	1	0,59	1	0,59	1	0,59	1	0,59	1
0,60	1	0,60	1	0,60	1	0,60	1	0,60	1	0,60	1	0,60	1	0,60	1	0,60	1
0,61	1	0,61	1	0,61	1	0,61	1	0,61	1	0,61	1	0,61	1	0,61	1	0,61	1
0,62	1	0,62	1	0,62	1	0,62	1	0,62	1	0,62	1	0,62	1	0,62	1	0,62	1
0,63	1	0,63	1	0,63	1	0,63	1	0,63	1	0,63	1	0,63	1	0,63	1	0,63	1
0,64	1	0,64	1	0,64	1	0,64	1	0,64	1	0,64	1	0,64	1	0,64	1	0,64	1
0,65	1	0,65	1	0,65	1	0,65	1	0,65	1	0,65	1	0,65	1	0,65	1	0,65	1
0,66	1	0,66	1	0,66	1	0,66	1	0,66	1	0,66	1	0,66	1	0,66	1	0,66	1
0,67	1	0,67	1	0,67	1	0,67	1	0,67	1	0,67	1	0,67	1	0,67	1	0,67	1
0,68	1	0,68	1	0,68	1	0,68	1	0,68	1	0,68	1	0,68	1	0,68	1	0,68	1
0,69	1	0,69	1	0,69	1	0,69	1	0,69	1	0,69	1	0,69	1	0,69	1	0,69	1
0,70	1	0,70	1	0,70	1	0,70	1	0,70	1	0,70	1	0,70	1	0,70	1	0,70	1
0,71	1	0,71	1	0,71	1	0,71	1	0,71	1	0,71	1	0,71	1	0,71	1	0,71	1
0,72	1	0,72	1	0,72	1	0,72	1	0,72	1	0,72	1	0,72	1	0,72	1	0,72	1
0,73	1	0,73	1	0,73	1	0,73	1	0,73	1	0,73	1	0,73	1	0,73	1	0,73	1
0,74	2	0,74	1	0,74	1	0,74	1	0,74	1	0,74	1	0,74	1	0,74	1	0,74	1

Bernoullikettenlängen

Mindestanzahl n der Versuche bei einem Bernoulli-Experiment mit Trefferwahrscheinlichkeit p , um mit einer Sicherheitswahrscheinlichkeit von ß wenigstens einen Treffer zu erzielen.

p = 0,82		p = 0,83		p = 0,84		p = 0,85		p = 0,86		p = 0,87		p = 0,88		p = 0,89		p = 0,90	
ß	n	ß	n	ß	n	ß	n	ß	n	ß	n	ß	n	ß	n	ß	n
0,50	1	0,50	1	0,50	1	0,50	1	0,50	1	0,50	1	0,50	1	0,50	1	0,50	1
0,51	1	0,51	1	0,51	1	0,51	1	0,51	1	0,51	1	0,51	1	0,51	1	0,51	1
0,52	1	0,52	1	0,52	1	0,52	1	0,52	1	0,52	1	0,52	1	0,52	1	0,52	1
0,53	1	0,53	1	0,53	1	0,53	1	0,53	1	0,53	1	0,53	1	0,53	1	0,53	1
0,54	1	0,54	1	0,54	1	0,54	1	0,54	1	0,54	1	0,54	1	0,54	1	0,54	1
0,55	1	0,55	1	0,55	1	0,55	1	0,55	1	0,55	1	0,55	1	0,55	1	0,55	1
0,56	1	0,56	1	0,56	1	0,56	1	0,56	1	0,56	1	0,56	1	0,56	1	0,56	1
0,57	1	0,57	1	0,57	1	0,57	1	0,57	1	0,57	1	0,57	1	0,57	1	0,57	1
0,58	1	0,58	1	0,58	1	0,58	1	0,58	1	0,58	1	0,58	1	0,58	1	0,58	1
0,59	1	0,59	1	0,59	1	0,59	1	0,59	1	0,59	1	0,59	1	0,59	1	0,59	1
0,60	1	0,60	1	0,60	1	0,60	1	0,60	1	0,60	1	0,60	1	0,60	1	0,60	1
0,61	1	0,61	1	0,61	1	0,61	1	0,61	1	0,61	1	0,61	1	0,61	1	0,61	1
0,62	1	0,62	1	0,62	1	0,62	1	0,62	1	0,62	1	0,62	1	0,62	1	0,62	1
0,63	1	0,63	1	0,63	1	0,63	1	0,63	1	0,63	1	0,63	1	0,63	1	0,63	1
0,64	1	0,64	1	0,64	1	0,64	1	0,64	1	0,64	1	0,64	1	0,64	1	0,64	1
0,65	1	0,65	1	0,65	1	0,65	1	0,65	1	0,65	1	0,65	1	0,65	1	0,65	1
0,66	1	0,66	1	0,66	1	0,66	1	0,66	1	0,66	1	0,66	1	0,66	1	0,66	1
0,67	1	0,67	1	0,67	1	0,67	1	0,67	1	0,67	1	0,67	1	0,67	1	0,67	1
0,68	1	0,68	1	0,68	1	0,68	1	0,68	1	0,68	1	0,68	1	0,68	1	0,68	1
0,69	1	0,69	1	0,69	1	0,69	1	0,69	1	0,69	1	0,69	1	0,69	1	0,69	1
0,70	1	0,70	1	0,70	1	0,70	1	0,70	1	0,70	1	0,70	1	0,70	1	0,70	1
0,71	1	0,71	1	0,71	1	0,71	1	0,71	1	0,71	1	0,71	1	0,71	1	0,71	1
0,72	1	0,72	1	0,72	1	0,72	1	0,72	1	0,72	1	0,72	1	0,72	1	0,72	1
0,73	1	0,73	1	0,73	1	0,73	1	0,73	1	0,73	1	0,73	1	0,73	1	0,73	1
0,74	1	0,74	1	0,74	1	0,74	1	0,74	1	0,74	1	0,74	1	0,74	1	0,74	1

Bernoullikettenlängen

Mindestanzahl n der Versuche bei einem Bernoulli-Experiment mit Trefferwahrscheinlichkeit p , um mit einer Sicherheitswahrscheinlichkeit von ß wenigstens einen Treffer zu erzielen.

p = 0,91		p = 0,92		p = 0,93		p = 0,94		p = 0,95		p = 0,96		p = 0,97		p = 0,98		p = 0,99	
ß	*n*	*ß*	*n*	*ß*	*n*	*ß*	*n*	*ß*	*n*	*ß*	*n*	*ß*	*n*	*ß*	*n*	*ß*	*n*
0,50	1	0,50	1	0,50	1	0,50	1	0,50	1	0,50	1	0,50	1	0,50	1	0,50	1
0,51	1	0,51	1	0,51	1	0,51	1	0,51	1	0,51	1	0,51	1	0,51	1	0,51	1
0,52	1	0,52	1	0,52	1	0,52	1	0,52	1	0,52	1	0,52	1	0,52	1	0,52	1
0,53	1	0,53	1	0,53	1	0,53	1	0,53	1	0,53	1	0,53	1	0,53	1	0,53	1
0,54	1	0,54	1	0,54	1	0,54	1	0,54	1	0,54	1	0,54	1	0,54	1	0,54	1
0,55	1	0,55	1	0,55	1	0,55	1	0,55	1	0,55	1	0,55	1	0,55	1	0,55	1
0,56	1	0,56	1	0,56	1	0,56	1	0,56	1	0,56	1	0,56	1	0,56	1	0,56	1
0,57	1	0,57	1	0,57	1	0,57	1	0,57	1	0,57	1	0,57	1	0,57	1	0,57	1
0,58	1	0,58	1	0,58	1	0,58	1	0,58	1	0,58	1	0,58	1	0,58	1	0,58	1
0,59	1	0,59	1	0,59	1	0,59	1	0,59	1	0,59	1	0,59	1	0,59	1	0,59	1
0,60	1	0,60	1	0,60	1	0,60	1	0,60	1	0,60	1	0,60	1	0,60	1	0,60	1
0,61	1	0,61	1	0,61	1	0,61	1	0,61	1	0,61	1	0,61	1	0,61	1	0,61	1
0,62	1	0,62	1	0,62	1	0,62	1	0,62	1	0,62	1	0,62	1	0,62	1	0,62	1
0,63	1	0,63	1	0,63	1	0,63	1	0,63	1	0,63	1	0,63	1	0,63	1	0,63	1
0,64	1	0,64	1	0,64	1	0,64	1	0,64	1	0,64	1	0,64	1	0,64	1	0,64	1
0,65	1	0,65	1	0,65	1	0,65	1	0,65	1	0,65	1	0,65	1	0,65	1	0,65	1
0,66	1	0,66	1	0,66	1	0,66	1	0,66	1	0,66	1	0,66	1	0,66	1	0,66	1
0,67	1	0,67	1	0,67	1	0,67	1	0,67	1	0,67	1	0,67	1	0,67	1	0,67	1
0,68	1	0,68	1	0,68	1	0,68	1	0,68	1	0,68	1	0,68	1	0,68	1	0,68	1
0,69	1	0,69	1	0,69	1	0,69	1	0,69	1	0,69	1	0,69	1	0,69	1	0,69	1
0,70	1	0,70	1	0,70	1	0,70	1	0,70	1	0,70	1	0,70	1	0,70	1	0,70	1
0,71	1	0,71	1	0,71	1	0,71	1	0,71	1	0,71	1	0,71	1	0,71	1	0,71	1
0,72	1	0,72	1	0,72	1	0,72	1	0,72	1	0,72	1	0,72	1	0,72	1	0,72	1
0,73	1	0,73	1	0,73	1	0,73	1	0,73	1	0,73	1	0,73	1	0,73	1	0,73	1
0,74	1	0,74	1	0,74	1	0,74	1	0,74	1	0,74	1	0,74	1	0,74	1	0,74	1

Bernoullikettenlängen

Mindestanzahl n der Versuche bei einem Bernoulli-Experiment mit Trefferwahrscheinlichkeit p , um mit einer Sicherheitswahrscheinlichkeit von ß wenigstens einen Treffer zu erzielen.

p = 0,01		p = 0,02		p = 0,03		p = 0,04		p = 0,05		p = 0,06		p = 0,07		p = 0,08		p = 0,09	
ß	*n*	ß	*n*	ß	*n*	ß	*n*	ß	*n*	ß	*n*	ß	*n*	ß	*n*	ß	*n*
0,75	138	0,75	69	0,75	46	0,75	34	0,75	28	0,75	23	0,75	20	0,75	17	0,75	15
0,76	142	0,76	71	0,76	47	0,76	35	0,76	28	0,76	24	0,76	20	0,76	18	0,76	16
0,77	147	0,77	73	0,77	49	0,77	37	0,77	29	0,77	24	0,77	21	0,77	18	0,77	16
0,78	151	0,78	75	0,78	50	0,78	38	0,78	30	0,78	25	0,78	21	0,78	19	0,78	17
0,79	156	0,79	78	0,79	52	0,79	39	0,79	31	0,79	26	0,79	22	0,79	19	0,79	17
0,80	161	0,80	80	0,80	53	0,80	40	0,80	32	0,80	27	0,80	23	0,80	20	0,80	18
0,81	166	0,81	83	0,81	55	0,81	41	0,81	33	0,81	27	0,81	23	0,81	20	0,81	18
0,82	171	0,82	85	0,82	57	0,82	43	0,82	34	0,82	28	0,82	24	0,82	21	0,82	19
0,83	177	0,83	88	0,83	59	0,83	44	0,83	35	0,83	29	0,83	25	0,83	22	0,83	19
0,84	183	0,84	91	0,84	61	0,84	45	0,84	36	0,84	30	0,84	26	0,84	22	0,84	20
0,85	189	0,85	94	0,85	63	0,85	47	0,85	37	0,85	31	0,85	27	0,85	23	0,85	21
0,86	196	0,86	98	0,86	65	0,86	49	0,86	39	0,86	32	0,86	28	0,86	24	0,86	21
0,87	204	0,87	101	0,87	67	0,87	50	0,87	40	0,87	33	0,87	29	0,87	25	0,87	22
0,88	211	0,88	105	0,88	70	0,88	52	0,88	42	0,88	35	0,88	30	0,88	26	0,88	23
0,89	220	0,89	110	0,89	73	0,89	55	0,89	44	0,89	36	0,89	31	0,89	27	0,89	24
0,90	230	0,90	114	0,90	76	0,90	57	0,90	45	0,90	38	0,90	32	0,90	28	0,90	25
0,91	240	0,91	120	0,91	80	0,91	59	0,91	47	0,91	39	0,91	34	0,91	29	0,91	26
0,92	252	0,92	126	0,92	83	0,92	62	0,92	50	0,92	41	0,92	35	0,92	31	0,92	27
0,93	265	0,93	132	0,93	88	0,93	66	0,93	52	0,93	43	0,93	37	0,93	32	0,93	29
0,94	280	0,94	140	0,94	93	0,94	69	0,94	55	0,94	46	0,94	39	0,94	34	0,94	30
0,95	299	0,95	149	0,95	99	0,95	74	0,95	59	0,95	49	0,95	42	0,95	36	0,95	32
0,96	321	0,96	160	0,96	106	0,96	79	0,96	63	0,96	53	0,96	45	0,96	39	0,96	35
0,97	349	0,97	174	0,97	116	0,97	86	0,97	69	0,97	57	0,97	49	0,97	43	0,97	38
0,98	390	0,98	194	0,98	129	0,98	96	0,98	77	0,98	64	0,98	54	0,98	47	0,98	42
0,99	459	0,99	228	0,99	152	0,99	113	0,99	90	0,99	75	0,99	64	0,99	56	0,99	49

Bernoullikettenlängen

Mindestanzahl n der Versuche bei einem Bernoulli-Experiment mit Trefferwahrscheinlichkeit p , um mit einer Sicherheitswahrscheinlichkeit von ß wenigstens einen Treffer zu erzielen.

p =	0,10	p =	0,11	p =	0,12	p =	0,13	p =	0,14	p =	0,15	p =	0,16	p =	0,17	p =	0,18
ß	*n*	ß	*n*	ß	*n*	ß	*n*	ß	*n*	ß	*n*	ß	*n*	ß	*n*	ß	*n*
0,75	14	0,75	12	0,75	11	0,75	10	0,75	10	0,75	9	0,75	8	0,75	8	0,75	7
0,76	14	0,76	13	0,76	12	0,76	11	0,76	10	0,76	9	0,76	9	0,76	8	0,76	8
0,77	14	0,77	13	0,77	12	0,77	11	0,77	10	0,77	10	0,77	9	0,77	8	0,77	8
0,78	15	0,78	13	0,78	12	0,78	11	0,78	11	0,78	10	0,78	9	0,78	9	0,78	8
0,79	15	0,79	14	0,79	13	0,79	12	0,79	11	0,79	10	0,79	9	0,79	9	0,79	8
0,80	16	0,80	14	0,80	13	0,80	12	0,80	11	0,80	10	0,80	10	0,80	9	0,80	9
0,81	16	0,81	15	0,81	13	0,81	12	0,81	12	0,81	11	0,81	10	0,81	9	0,81	9
0,82	17	0,82	15	0,82	14	0,82	13	0,82	12	0,82	11	0,82	10	0,82	10	0,82	9
0,83	17	0,83	16	0,83	14	0,83	13	0,83	12	0,83	11	0,83	11	0,83	10	0,83	9
0,84	18	0,84	16	0,84	15	0,84	14	0,84	13	0,84	12	0,84	11	0,84	10	0,84	10
0,85	19	0,85	17	0,85	15	0,85	14	0,85	13	0,85	12	0,85	11	0,85	11	0,85	10
0,86	19	0,86	17	0,86	16	0,86	15	0,86	14	0,86	13	0,86	12	0,86	11	0,86	10
0,87	20	0,87	18	0,87	16	0,87	15	0,87	14	0,87	13	0,87	12	0,87	11	0,87	11
0,88	21	0,88	19	0,88	17	0,88	16	0,88	15	0,88	14	0,88	13	0,88	12	0,88	11
0,89	21	0,89	19	0,89	18	0,89	16	0,89	15	0,89	14	0,89	13	0,89	12	0,89	12
0,90	22	0,90	20	0,90	19	0,90	17	0,90	16	0,90	15	0,90	14	0,90	13	0,90	12
0,91	23	0,91	21	0,91	19	0,91	18	0,91	16	0,91	15	0,91	14	0,91	13	0,91	13
0,92	24	0,92	22	0,92	20	0,92	19	0,92	17	0,92	16	0,92	15	0,92	14	0,92	13
0,93	26	0,93	23	0,93	21	0,93	20	0,93	18	0,93	17	0,93	16	0,93	15	0,93	14
0,94	27	0,94	25	0,94	23	0,94	21	0,94	19	0,94	18	0,94	17	0,94	16	0,94	15
0,95	29	0,95	26	0,95	24	0,95	22	0,95	20	0,95	19	0,95	18	0,95	17	0,95	16
0,96	31	0,96	28	0,96	26	0,96	24	0,96	22	0,96	20	0,96	19	0,96	18	0,96	17
0,97	34	0,97	31	0,97	28	0,97	26	0,97	24	0,97	22	0,97	21	0,97	19	0,97	18
0,98	38	0,98	34	0,98	31	0,98	29	0,98	26	0,98	25	0,98	23	0,98	21	0,98	20
0,99	44	0,99	40	0,99	37	0,99	34	0,99	31	0,99	29	0,99	27	0,99	25	0,99	24

Bernoullikettenlängen

Mindestanzahl n der Versuche bei einem Bernoulli-Experiment mit Trefferwahrscheinlichkeit p , um mit einer Sicherheitswahrscheinlichkeit von ß wenigstens einen Treffer zu erzielen.

p = 0,19		p = 0,20		p = 0,21		p = 0,22		p = 0,23		p = 0,24		p = 0,25		p = 0,26		p = 0,27	
ß	*n*	ß	*n*	ß	*n*	ß	*n*	ß	*n*	ß	*n*	ß	*n*	ß	*n*	ß	*n*
0,75	7	0,75	7	0,75	6	0,75	6	0,75	6	0,75	6	0,75	5	0,75	5	0,75	5
0,76	7	0,76	7	0,76	7	0,76	6	0,76	6	0,76	6	0,76	5	0,76	5	0,76	5
0,77	7	0,77	7	0,77	7	0,77	6	0,77	6	0,77	6	0,77	6	0,77	5	0,77	5
0,78	8	0,78	7	0,78	7	0,78	7	0,78	6	0,78	6	0,78	6	0,78	6	0,78	5
0,79	8	0,79	7	0,79	7	0,79	7	0,79	6	0,79	6	0,79	6	0,79	6	0,79	5
0,80	8	0,80	8	0,80	7	0,80	7	0,80	7	0,80	6	0,80	6	0,80	6	0,80	6
0,81	8	0,81	8	0,81	8	0,81	7	0,81	7	0,81	7	0,81	6	0,81	6	0,81	6
0,82	9	0,82	8	0,82	8	0,82	7	0,82	7	0,82	7	0,82	6	0,82	6	0,82	6
0,83	9	0,83	8	0,83	8	0,83	8	0,83	7	0,83	7	0,83	7	0,83	6	0,83	6
0,84	9	0,84	9	0,84	8	0,84	8	0,84	8	0,84	7	0,84	7	0,84	7	0,84	6
0,85	10	0,85	9	0,85	9	0,85	8	0,85	8	0,85	7	0,85	7	0,85	7	0,85	7
0,86	10	0,86	9	0,86	9	0,86	8	0,86	8	0,86	8	0,86	7	0,86	7	0,86	7
0,87	10	0,87	10	0,87	9	0,87	9	0,87	8	0,87	8	0,87	8	0,87	7	0,87	7
0,88	11	0,88	10	0,88	9	0,88	9	0,88	9	0,88	8	0,88	8	0,88	8	0,88	7
0,89	11	0,89	10	0,89	10	0,89	9	0,89	9	0,89	9	0,89	8	0,89	8	0,89	8
0,90	11	0,90	11	0,90	10	0,90	10	0,90	9	0,90	9	0,90	9	0,90	8	0,90	8
0,91	12	0,91	11	0,91	11	0,91	10	0,91	10	0,91	9	0,91	9	0,91	8	0,91	8
0,92	12	0,92	12	0,92	11	0,92	11	0,92	10	0,92	10	0,92	9	0,92	9	0,92	9
0,93	13	0,93	12	0,93	12	0,93	11	0,93	11	0,93	10	0,93	10	0,93	9	0,93	9
0,94	14	0,94	13	0,94	12	0,94	12	0,94	11	0,94	11	0,94	10	0,94	10	0,94	9
0,95	15	0,95	14	0,95	13	0,95	13	0,95	12	0,95	11	0,95	11	0,95	10	0,95	10
0,96	16	0,96	15	0,96	14	0,96	13	0,96	13	0,96	12	0,96	12	0,96	11	0,96	11
0,97	17	0,97	16	0,97	15	0,97	15	0,97	14	0,97	13	0,97	13	0,97	12	0,97	12
0,98	19	0,98	18	0,98	17	0,98	16	0,98	15	0,98	15	0,98	14	0,98	13	0,98	13
0,99	22	0,99	21	0,99	20	0,99	19	0,99	18	0,99	17	0,99	17	0,99	16	0,99	15

Bernoullikettenlängen

Mindestanzahl n der Versuche bei einem Bernoulli-Experiment mit Trefferwahrscheinlichkeit p , um mit einer Sicherheitswahrscheinlichkeit von ß wenigstens einen Treffer zu erzielen.

p = 0,28		p = 0,29		p = 0,30		p = 0,31		p = 0,32		p = 0,33		p = 0,34		p = 0,35		p = 0,36	
ß	*n*	*ß*	*n*	*ß*	*n*	*ß*	*n*	*ß*	*n*	*ß*	*n*	*ß*	*n*	*ß*	*n*	*ß*	*n*
0,75	5	0,75	5	0,75	4	0,75	4	0,75	4	0,75	4	0,75	4	0,75	4	0,75	4
0,76	5	0,76	5	0,76	5	0,76	4	0,76	4	0,76	4	0,76	4	0,76	4	0,76	4
0,77	5	0,77	5	0,77	5	0,77	4	0,77	4	0,77	4	0,77	4	0,77	4	0,77	4
0,78	5	0,78	5	0,78	5	0,78	5	0,78	4	0,78	4	0,78	4	0,78	4	0,78	4
0,79	5	0,79	5	0,79	5	0,79	5	0,79	5	0,79	4	0,79	4	0,79	4	0,79	4
0,80	5	0,80	5	0,80	5	0,80	5	0,80	5	0,80	5	0,80	4	0,80	4	0,80	4
0,81	6	0,81	5	0,81	5	0,81	5	0,81	5	0,81	5	0,81	4	0,81	4	0,81	4
0,82	6	0,82	6	0,82	5	0,82	5	0,82	5	0,82	5	0,82	5	0,82	4	0,82	4
0,83	6	0,83	6	0,83	5	0,83	5	0,83	5	0,83	5	0,83	5	0,83	5	0,83	4
0,84	6	0,84	6	0,84	6	0,84	5	0,84	5	0,84	5	0,84	5	0,84	5	0,84	5
0,85	6	0,85	6	0,85	6	0,85	6	0,85	5	0,85	5	0,85	5	0,85	5	0,85	5
0,86	6	0,86	6	0,86	6	0,86	6	0,86	6	0,86	5	0,86	5	0,86	5	0,86	5
0,87	7	0,87	6	0,87	6	0,87	6	0,87	6	0,87	6	0,87	5	0,87	5	0,87	5
0,88	7	0,88	7	0,88	6	0,88	6	0,88	6	0,88	6	0,88	6	0,88	5	0,88	5
0,89	7	0,89	7	0,89	7	0,89	6	0,89	6	0,89	6	0,89	6	0,89	6	0,89	5
0,90	8	0,90	7	0,90	7	0,90	7	0,90	6	0,90	6	0,90	6	0,90	6	0,90	6
0,91	8	0,91	8	0,91	7	0,91	7	0,91	7	0,91	7	0,91	6	0,91	6	0,91	6
0,92	8	0,92	8	0,92	8	0,92	7	0,92	7	0,92	7	0,92	7	0,92	6	0,92	6
0,93	9	0,93	8	0,93	8	0,93	8	0,93	7	0,93	7	0,93	7	0,93	7	0,93	6
0,94	9	0,94	9	0,94	8	0,94	8	0,94	8	0,94	8	0,94	7	0,94	7	0,94	7
0,95	10	0,95	9	0,95	9	0,95	9	0,95	8	0,95	8	0,95	8	0,95	7	0,95	7
0,96	10	0,96	10	0,96	10	0,96	9	0,96	9	0,96	9	0,96	8	0,96	8	0,96	8
0,97	11	0,97	11	0,97	10	0,97	10	0,97	10	0,97	9	0,97	9	0,97	9	0,97	8
0,98	12	0,98	12	0,98	11	0,98	11	0,98	11	0,98	10	0,98	10	0,98	10	0,98	9
0,99	15	0,99	14	0,99	13	0,99	13	0,99	12	0,99	12	0,99	12	0,99	11	0,99	11

Bernoullikettenlängen

Mindestanzahl n der Versuche bei einem Bernoulli-Experiment mit Trefferwahrscheinlichkeit p , um mit einer Sicherheitswahrscheinlichkeit von ß wenigstens einen Treffer zu erzielen.

p = 0,37		p = 0,38		p = 0,39		p = 0,40		p = 0,41		p = 0,42		p = 0,43		p = 0,44		p = 0,45	
ß	*n*	*ß*	*n*	*ß*	*n*	*ß*	*n*	*ß*	*n*	*ß*	*n*	*ß*	*n*	*ß*	*n*	*ß*	*n*
0,75	4	0,75	3	0,75	3	0,75	3	0,75	3	0,75	3	0,75	3	0,75	3	0,75	3
0,76	4	0,76	3	0,76	3	0,76	3	0,76	3	0,76	3	0,76	3	0,76	3	0,76	3
0,77	4	0,77	4	0,77	3	0,77	3	0,77	3	0,77	3	0,77	3	0,77	3	0,77	3
0,78	4	0,78	4	0,78	4	0,78	3	0,78	3	0,78	3	0,78	3	0,78	3	0,78	3
0,79	4	0,79	4	0,79	4	0,79	4	0,79	3	0,79	3	0,79	3	0,79	3	0,79	3
0,80	4	0,80	4	0,80	4	0,80	4	0,80	4	0,80	3	0,80	3	0,80	3	0,80	3
0,81	4	0,81	4	0,81	4	0,81	4	0,81	4	0,81	4	0,81	3	0,81	3	0,81	3
0,82	4	0,82	4	0,82	4	0,82	4	0,82	4	0,82	4	0,82	4	0,82	3	0,82	3
0,83	4	0,83	4	0,83	4	0,83	4	0,83	4	0,83	4	0,83	4	0,83	4	0,83	3
0,84	4	0,84	4	0,84	4	0,84	4	0,84	4	0,84	4	0,84	4	0,84	4	0,84	4
0,85	5	0,85	4	0,85	4	0,85	4	0,85	4	0,85	4	0,85	4	0,85	4	0,85	4
0,86	5	0,86	5	0,86	4	0,86	4	0,86	4	0,86	4	0,86	4	0,86	4	0,86	4
0,87	5	0,87	5	0,87	5	0,87	4	0,87	4	0,87	4	0,87	4	0,87	4	0,87	4
0,88	5	0,88	5	0,88	5	0,88	5	0,88	5	0,88	4	0,88	4	0,88	4	0,88	4
0,89	5	0,89	5	0,89	5	0,89	5	0,89	5	0,89	5	0,89	4	0,89	4	0,89	4
0,90	5	0,90	5	0,90	5	0,90	5	0,90	5	0,90	5	0,90	5	0,90	4	0,90	4
0,91	6	0,91	6	0,91	5	0,91	5	0,91	5	0,91	5	0,91	5	0,91	5	0,91	5
0,92	6	0,92	6	0,92	6	0,92	5	0,92	5	0,92	5	0,92	5	0,92	5	0,92	5
0,93	6	0,93	6	0,93	6	0,93	6	0,93	6	0,93	5	0,93	5	0,93	5	0,93	5
0,94	7	0,94	6	0,94	6	0,94	6	0,94	6	0,94	6	0,94	6	0,94	5	0,94	5
0,95	7	0,95	7	0,95	7	0,95	6	0,95	6	0,95	6	0,95	6	0,95	6	0,95	6
0,96	7	0,96	7	0,96	7	0,96	7	0,96	7	0,96	6	0,96	6	0,96	6	0,96	6
0,97	8	0,97	8	0,97	8	0,97	7	0,97	7	0,97	7	0,97	7	0,97	7	0,97	6
0,98	9	0,98	9	0,98	8	0,98	8	0,98	8	0,98	8	0,98	7	0,98	7	0,98	7
0,99	10	0,99	10	0,99	10	0,99	10	0,99	9	0,99	9	0,99	9	0,99	8	0,99	8

Bernoullikettenlängen

Mindestanzahl n der Versuche bei einem Bernoulli-Experiment mit Trefferwahrscheinlichkeit p , um mit einer Sicherheitswahrscheinlichkeit von ß wenigstens einen Treffer zu erzielen.

p = 0,46		p = 0,47		p = 0,48		p = 0,49		p = 0,50		p = 0,51		p = 0,52		p = 0,53		p = 0,54	
ß	*n*	*ß*	*n*	*ß*	*n*	*ß*	*n*	*ß*	*n*	*ß*	*n*	*ß*	*n*	*ß*	*n*	*ß*	*n*
0,75	3	0,75	3	0,75	3	0,75	3	0,75	2	0,75	2	0,75	2	0,75	2	0,75	2
0,76	3	0,76	3	0,76	3	0,76	3	0,76	3	0,76	3	0,76	2	0,76	2	0,76	2
0,77	3	0,77	3	0,77	3	0,77	3	0,77	3	0,77	3	0,77	3	0,77	2	0,77	2
0,78	3	0,78	3	0,78	3	0,78	3	0,78	3	0,78	3	0,78	3	0,78	3	0,78	2
0,79	3	0,79	3	0,79	3	0,79	3	0,79	3	0,79	3	0,79	3	0,79	3	0,79	3
0,80	3	0,80	3	0,80	3	0,80	3	0,80	3	0,80	3	0,80	3	0,80	3	0,80	3
0,81	3	0,81	3	0,81	3	0,81	3	0,81	3	0,81	3	0,81	3	0,81	3	0,81	3
0,82	3	0,82	3	0,82	3	0,82	3	0,82	3	0,82	3	0,82	3	0,82	3	0,82	3
0,83	3	0,83	3	0,83	3	0,83	3	0,83	3	0,83	3	0,83	3	0,83	3	0,83	3
0,84	3	0,84	3	0,84	3	0,84	3	0,84	3	0,84	3	0,84	3	0,84	3	0,84	3
0,85	4	0,85	3	0,85	3	0,85	3	0,85	3	0,85	3	0,85	3	0,85	3	0,85	3
0,86	4	0,86	4	0,86	4	0,86	3	0,86	3	0,86	3	0,86	3	0,86	3	0,86	3
0,87	4	0,87	4	0,87	4	0,87	4	0,87	3	0,87	3	0,87	3	0,87	3	0,87	3
0,88	4	0,88	4	0,88	4	0,88	4	0,88	4	0,88	3	0,88	3	0,88	3	0,88	3
0,89	4	0,89	4	0,89	4	0,89	4	0,89	4	0,89	4	0,89	4	0,89	3	0,89	3
0,90	4	0,90	4	0,90	4	0,90	4	0,90	4	0,90	4	0,90	4	0,90	4	0,90	3
0,91	4	0,91	4	0,91	4	0,91	4	0,91	4	0,91	4	0,91	4	0,91	4	0,91	4
0,92	5	0,92	4	0,92	4	0,92	4	0,92	4	0,92	4	0,92	4	0,92	4	0,92	4
0,93	5	0,93	5	0,93	5	0,93	4	0,93	4	0,93	4	0,93	4	0,93	4	0,93	4
0,94	5	0,94	5	0,94	5	0,94	5	0,94	5	0,94	4	0,94	4	0,94	4	0,94	4
0,95	5	0,95	5	0,95	5	0,95	5	0,95	5	0,95	5	0,95	5	0,95	4	0,95	4
0,96	6	0,96	6	0,96	5	0,96	5	0,96	5	0,96	5	0,96	5	0,96	5	0,96	5
0,97	6	0,97	6	0,97	6	0,97	6	0,97	6	0,97	5	0,97	5	0,97	5	0,97	5
0,98	7	0,98	7	0,98	6	0,98	6	0,98	6	0,98	6	0,98	6	0,98	6	0,98	6
0,99	8	0,99	8	0,99	8	0,99	7	0,99	7	0,99	7	0,99	7	0,99	7	0,99	6

Bernoullikettenlängen

Mindestanzahl n der Versuche bei einem Bernoulli-Experiment mit Trefferwahrscheinlichkeit p , um mit einer Sicherheitswahrscheinlichkeit von ß wenigstens einen Treffer zu erzielen.

p = 0,55		p = 0,56		p = 0,57		p = 0,58		p = 0,59		p = 0,60		p = 0,61		p = 0,62		p = 0,63	
ß	n	ß	n	ß	n	ß	n	ß	n	ß	n	ß	n	ß	n	ß	n
0,75	2	0,75	2	0,75	2	0,75	2	0,75	2	0,75	2	0,75	2	0,75	2	0,75	2
0,76	2	0,76	2	0,76	2	0,76	2	0,76	2	0,76	2	0,76	2	0,76	2	0,76	2
0,77	2	0,77	2	0,77	2	0,77	2	0,77	2	0,77	2	0,77	2	0,77	2	0,77	2
0,78	2	0,78	2	0,78	2	0,78	2	0,78	2	0,78	2	0,78	2	0,78	2	0,78	2
0,79	2	0,79	2	0,79	2	0,79	2	0,79	2	0,79	2	0,79	2	0,79	2	0,79	2
0,80	3	0,80	2	0,80	2	0,80	2	0,80	2	0,80	2	0,80	2	0,80	2	0,80	2
0,81	3	0,81	3	0,81	2	0,81	2	0,81	2	0,81	2	0,81	2	0,81	2	0,81	2
0,82	3	0,82	3	0,82	3	0,82	2	0,82	2	0,82	2	0,82	2	0,82	2	0,82	2
0,83	3	0,83	3	0,83	3	0,83	3	0,83	2	0,83	2	0,83	2	0,83	2	0,83	2
0,84	3	0,84	3	0,84	3	0,84	3	0,84	3	0,84	2	0,84	2	0,84	2	0,84	2
0,85	3	0,85	3	0,85	3	0,85	3	0,85	3	0,85	3	0,85	3	0,85	2	0,85	2
0,86	3	0,86	3	0,86	3	0,86	3	0,86	3	0,86	3	0,86	3	0,86	3	0,86	2
0,87	3	0,87	3	0,87	3	0,87	3	0,87	3	0,87	3	0,87	3	0,87	3	0,87	3
0,88	3	0,88	3	0,88	3	0,88	3	0,88	3	0,88	3	0,88	3	0,88	3	0,88	3
0,89	3	0,89	3	0,89	3	0,89	3	0,89	3	0,89	3	0,89	3	0,89	3	0,89	3
0,90	3	0,90	3	0,90	3	0,90	3	0,90	3	0,90	3	0,90	3	0,90	3	0,90	3
0,91	4	0,91	3	0,91	3	0,91	3	0,91	3	0,91	3	0,91	3	0,91	3	0,91	3
0,92	4	0,92	4	0,92	3	0,92	3	0,92	3	0,92	3	0,92	3	0,92	3	0,92	3
0,93	4	0,93	4	0,93	4	0,93	4	0,93	3	0,93	3	0,93	3	0,93	3	0,93	3
0,94	4	0,94	4	0,94	4	0,94	4	0,94	4	0,94	4	0,94	3	0,94	3	0,94	3
0,95	4	0,95	4	0,95	4	0,95	4	0,95	4	0,95	4	0,95	4	0,95	4	0,95	4
0,96	5	0,96	4	0,96	4	0,96	4	0,96	4	0,96	4	0,96	4	0,96	4	0,96	4
0,97	5	0,97	5	0,97	5	0,97	5	0,97	4	0,97	4	0,97	4	0,97	4	0,97	4
0,98	5	0,98	5	0,98	5	0,98	5	0,98	5	0,98	5	0,98	5	0,98	5	0,98	4
0,99	6	0,99	6	0,99	6	0,99	6	0,99	6	0,99	6	0,99	5	0,99	5	0,99	5

Bernoullikettenlängen

Mindestanzahl n der Versuche bei einem Bernoulli-Experiment mit Trefferwahrscheinlichkeit p , um mit einer Sicherheitswahrscheinlichkeit von ß wenigstens einen Treffer zu erzielen.

p = 0,64		p = 0,65		p = 0,66		p = 0,67		p = 0,68		p = 0,69		p = 0,70		p = 0,71		p = 0,72	
ß	*n*	*ß*	*n*	*ß*	*n*	*ß*	*n*	*ß*	*n*	*ß*	*n*	*ß*	*n*	*ß*	*n*	*ß*	*n*
0,75	2	0,75	2	0,75	2	0,75	2	0,75	2	0,75	2	0,75	2	0,75	2	0,75	2
0,76	2	0,76	2	0,76	2	0,76	2	0,76	2	0,76	2	0,76	2	0,76	2	0,76	2
0,77	2	0,77	2	0,77	2	0,77	2	0,77	2	0,77	2	0,77	2	0,77	2	0,77	2
0,78	2	0,78	2	0,78	2	0,78	2	0,78	2	0,78	2	0,78	2	0,78	2	0,78	2
0,79	2	0,79	2	0,79	2	0,79	2	0,79	2	0,79	2	0,79	2	0,79	2	0,79	2
0,80	2	0,80	2	0,80	2	0,80	2	0,80	2	0,80	2	0,80	2	0,80	2	0,80	2
0,81	2	0,81	2	0,81	2	0,81	2	0,81	2	0,81	2	0,81	2	0,81	2	0,81	2
0,82	2	0,82	2	0,82	2	0,82	2	0,82	2	0,82	2	0,82	2	0,82	2	0,82	2
0,83	2	0,83	2	0,83	2	0,83	2	0,83	2	0,83	2	0,83	2	0,83	2	0,83	2
0,84	2	0,84	2	0,84	2	0,84	2	0,84	2	0,84	2	0,84	2	0,84	2	0,84	2
0,85	2	0,85	2	0,85	2	0,85	2	0,85	2	0,85	2	0,85	2	0,85	2	0,85	2
0,86	2	0,86	2	0,86	2	0,86	2	0,86	2	0,86	2	0,86	2	0,86	2	0,86	2
0,87	2	0,87	2	0,87	2	0,87	2	0,87	2	0,87	2	0,87	2	0,87	2	0,87	2
0,88	3	0,88	3	0,88	2	0,88	2	0,88	2	0,88	2	0,88	2	0,88	2	0,88	2
0,89	3	0,89	3	0,89	3	0,89	2	0,89	2	0,89	2	0,89	2	0,89	2	0,89	2
0,90	3	0,90	3	0,90	3	0,90	3	0,90	3	0,90	2	0,90	2	0,90	2	0,90	2
0,91	3	0,91	3	0,91	3	0,91	3	0,91	3	0,91	3	0,91	2	0,91	2	0,91	2
0,92	3	0,92	3	0,92	3	0,92	3	0,92	3	0,92	3	0,92	3	0,92	3	0,92	2
0,93	3	0,93	3	0,93	3	0,93	3	0,93	3	0,93	3	0,93	3	0,93	3	0,93	3
0,94	3	0,94	3	0,94	3	0,94	3	0,94	3	0,94	3	0,94	3	0,94	3	0,94	3
0,95	3	0,95	3	0,95	3	0,95	3	0,95	3	0,95	3	0,95	3	0,95	3	0,95	3
0,96	4	0,96	4	0,96	3	0,96	3	0,96	3	0,96	3	0,96	3	0,96	3	0,96	3
0,97	4	0,97	4	0,97	4	0,97	4	0,97	4	0,97	3	0,97	3	0,97	3	0,97	3
0,98	4	0,98	4	0,98	4	0,98	4	0,98	4	0,98	4	0,98	4	0,98	4	0,98	4
0,99	5	0,99	5	0,99	5	0,99	5	0,99	5	0,99	4	0,99	4	0,99	4	0,99	4

Bernoullikettenlängen

Mindestanzahl n der Versuche bei einem Bernoulli-Experiment mit Trefferwahrscheinlichkeit p , um mit einer Sicherheitswahrscheinlichkeit von ß wenigstens einen Treffer zu erzielen.

p = 0,73		p = 0,74		p = 0,75		p = 0,76		p = 0,77		p = 0,78		p = 0,79		p = 0,80		p = 0,81	
ß	*n*	*ß*	*n*	*ß*	*n*	*ß*	*n*	*ß*	*n*	*ß*	*n*	*ß*	*n*	*ß*	*n*	*ß*	*n*
0,75	2	0,75	2	0,75	1	0,75	1	0,75	1	0,75	1	0,75	1	0,75	1	0,75	1
0,76	2	0,76	2	0,76	2	0,76	1	0,76	1	0,76	1	0,76	1	0,76	1	0,76	1
0,77	2	0,77	2	0,77	2	0,77	2	0,77	1	0,77	1	0,77	1	0,77	1	0,77	1
0,78	2	0,78	2	0,78	2	0,78	2	0,78	2	0,78	1	0,78	1	0,78	1	0,78	1
0,79	2	0,79	2	0,79	2	0,79	2	0,79	2	0,79	2	0,79	1	0,79	1	0,79	1
0,80	2	0,80	2	0,80	2	0,80	2	0,80	2	0,80	2	0,80	2	0,80	1	0,80	1
0,81	2	0,81	2	0,81	2	0,81	2	0,81	2	0,81	2	0,81	2	0,81	2	0,81	1
0,82	2	0,82	2	0,82	2	0,82	2	0,82	2	0,82	2	0,82	2	0,82	2	0,82	2
0,83	2	0,83	2	0,83	2	0,83	2	0,83	2	0,83	2	0,83	2	0,83	2	0,83	2
0,84	2	0,84	2	0,84	2	0,84	2	0,84	2	0,84	2	0,84	2	0,84	2	0,84	2
0,85	2	0,85	2	0,85	2	0,85	2	0,85	2	0,85	2	0,85	2	0,85	2	0,85	2
0,86	2	0,86	2	0,86	2	0,86	2	0,86	2	0,86	2	0,86	2	0,86	2	0,86	2
0,87	2	0,87	2	0,87	2	0,87	2	0,87	2	0,87	2	0,87	2	0,87	2	0,87	2
0,88	2	0,88	2	0,88	2	0,88	2	0,88	2	0,88	2	0,88	2	0,88	2	0,88	2
0,89	2	0,89	2	0,89	2	0,89	2	0,89	2	0,89	2	0,89	2	0,89	2	0,89	2
0,90	2	0,90	2	0,90	2	0,90	2	0,90	2	0,90	2	0,90	2	0,90	2	0,90	2
0,91	2	0,91	2	0,91	2	0,91	2	0,91	2	0,91	2	0,91	2	0,91	2	0,91	2
0,92	2	0,92	2	0,92	2	0,92	2	0,92	2	0,92	2	0,92	2	0,92	2	0,92	2
0,93	3	0,93	2	0,93	2	0,93	2	0,93	2	0,93	2	0,93	2	0,93	2	0,93	2
0,94	3	0,94	3	0,94	3	0,94	2	0,94	2	0,94	2	0,94	2	0,94	2	0,94	2
0,95	3	0,95	3	0,95	3	0,95	3	0,95	3	0,95	2	0,95	2	0,95	2	0,95	2
0,96	3	0,96	3	0,96	3	0,96	3	0,96	3	0,96	3	0,96	3	0,96	2	0,96	2
0,97	3	0,97	3	0,97	3	0,97	3	0,97	3	0,97	3	0,97	3	0,97	3	0,97	3
0,98	3	0,98	3	0,98	3	0,98	3	0,98	3	0,98	3	0,98	3	0,98	3	0,98	3
0,99	4	0,99	4	0,99	4	0,99	4	0,99	4	0,99	4	0,99	3	0,99	3	0,99	3

Bernoullikettenlängen

Mindestanzahl n der Versuche bei einem Bernoulli-Experiment mit Trefferwahrscheinlichkeit p , um mit einer Sicherheitswahrscheinlichkeit von ß wenigstens einen Treffer zu erzielen.

p = 0,82		p = 0,83		p = 0,84		p = 0,85		p = 0,86		p = 0,87		p = 0,88		p = 0,89		p = 0,90	
ß	*n*	*ß*	*n*	*ß*	*n*	*ß*	*n*	*ß*	*n*	*ß*	*n*	*ß*	*n*	*ß*	*n*	*ß*	*n*
0,75	1	0,75	1	0,75	1	0,75	1	0,75	1	0,75	1	0,75	1	0,75	1	0,75	1
0,76	1	0,76	1	0,76	1	0,76	1	0,76	1	0,76	1	0,76	1	0,76	1	0,76	1
0,77	1	0,77	1	0,77	1	0,77	1	0,77	1	0,77	1	0,77	1	0,77	1	0,77	1
0,78	1	0,78	1	0,78	1	0,78	1	0,78	1	0,78	1	0,78	1	0,78	1	0,78	1
0,79	1	0,79	1	0,79	1	0,79	1	0,79	1	0,79	1	0,79	1	0,79	1	0,79	1
0,80	1	0,80	1	0,80	1	0,80	1	0,80	1	0,80	1	0,80	1	0,80	1	0,80	1
0,81	1	0,81	1	0,81	1	0,81	1	0,81	1	0,81	1	0,81	1	0,81	1	0,81	1
0,82	1	0,82	1	0,82	1	0,82	1	0,82	1	0,82	1	0,82	1	0,82	1	0,82	1
0,83	2	0,83	1	0,83	1	0,83	1	0,83	1	0,83	1	0,83	1	0,83	1	0,83	1
0,84	2	0,84	2	0,84	1	0,84	1	0,84	1	0,84	1	0,84	1	0,84	1	0,84	1
0,85	2	0,85	2	0,85	2	0,85	1	0,85	1	0,85	1	0,85	1	0,85	1	0,85	1
0,86	2	0,86	2	0,86	2	0,86	2	0,86	1	0,86	1	0,86	1	0,86	1	0,86	1
0,87	2	0,87	2	0,87	2	0,87	2	0,87	2	0,87	1	0,87	1	0,87	1	0,87	1
0,88	2	0,88	2	0,88	2	0,88	2	0,88	2	0,88	2	0,88	1	0,88	1	0,88	1
0,89	2	0,89	2	0,89	2	0,89	2	0,89	2	0,89	2	0,89	2	0,89	1	0,89	1
0,90	2	0,90	2	0,90	2	0,90	2	0,90	2	0,90	2	0,90	2	0,90	2	0,90	1
0,91	2	0,91	2	0,91	2	0,91	2	0,91	2	0,91	2	0,91	2	0,91	2	0,91	2
0,92	2	0,92	2	0,92	2	0,92	2	0,92	2	0,92	2	0,92	2	0,92	2	0,92	2
0,93	2	0,93	2	0,93	2	0,93	2	0,93	2	0,93	2	0,93	2	0,93	2	0,93	2
0,94	2	0,94	2	0,94	2	0,94	2	0,94	2	0,94	2	0,94	2	0,94	2	0,94	2
0,95	2	0,95	2	0,95	2	0,95	2	0,95	2	0,95	2	0,95	2	0,95	2	0,95	2
0,96	2	0,96	2	0,96	2	0,96	2	0,96	2	0,96	2	0,96	2	0,96	2	0,96	2
0,97	3	0,97	2	0,97	2	0,97	2	0,97	2	0,97	2	0,97	2	0,97	2	0,97	2
0,98	3	0,98	3	0,98	3	0,98	3	0,98	2	0,98	2	0,98	2	0,98	2	0,98	2
0,99	3	0,99	3	0,99	3	0,99	3	0,99	3	0,99	3	0,99	3	0,99	3	0,99	2

Bernoullikettenlängen

Mindestanzahl n der Versuche bei einem Bernoulli-Experiment mit Trefferwahrscheinlichkeit p , um mit einer Sicherheitswahrscheinlichkeit von ß wenigstens einen Treffer zu erzielen.

p = 0,91		p = 0,92		p = 0,93		p = 0,94		p = 0,95		p = 0,96		p = 0,97		p = 0,98		p = 0,99	
ß	*n*	*ß*	*n*	*ß*	*n*	*ß*	*n*	*ß*	*n*	*ß*	*n*	*ß*	*n*	*ß*	*n*	*ß*	*n*
0,75	1	0,75	1	0,75	1	0,75	1	0,75	1	0,75	1	0,75	1	0,75	1	0,75	1
0,76	1	0,76	1	0,76	1	0,76	1	0,76	1	0,76	1	0,76	1	0,76	1	0,76	1
0,77	1	0,77	1	0,77	1	0,77	1	0,77	1	0,77	1	0,77	1	0,77	1	0,77	1
0,78	1	0,78	1	0,78	1	0,78	1	0,78	1	0,78	1	0,78	1	0,78	1	0,78	1
0,79	1	0,79	1	0,79	1	0,79	1	0,79	1	0,79	1	0,79	1	0,79	1	0,79	1
0,80	1	0,80	1	0,80	1	0,80	1	0,80	1	0,80	1	0,80	1	0,80	1	0,80	1
0,81	1	0,81	1	0,81	1	0,81	1	0,81	1	0,81	1	0,81	1	0,81	1	0,81	1
0,82	1	0,82	1	0,82	1	0,82	1	0,82	1	0,82	1	0,82	1	0,82	1	0,82	1
0,83	1	0,83	1	0,83	1	0,83	1	0,83	1	0,83	1	0,83	1	0,83	1	0,83	1
0,84	1	0,84	1	0,84	1	0,84	1	0,84	1	0,84	1	0,84	1	0,84	1	0,84	1
0,85	1	0,85	1	0,85	1	0,85	1	0,85	1	0,85	1	0,85	1	0,85	1	0,85	1
0,86	1	0,86	1	0,86	1	0,86	1	0,86	1	0,86	1	0,86	1	0,86	1	0,86	1
0,87	1	0,87	1	0,87	1	0,87	1	0,87	1	0,87	1	0,87	1	0,87	1	0,87	1
0,88	1	0,88	1	0,88	1	0,88	1	0,88	1	0,88	1	0,88	1	0,88	1	0,88	1
0,89	1	0,89	1	0,89	1	0,89	1	0,89	1	0,89	1	0,89	1	0,89	1	0,89	1
0,90	1	0,90	1	0,90	1	0,90	1	0,90	1	0,90	1	0,90	1	0,90	1	0,90	1
0,91	1	0,91	1	0,91	1	0,91	1	0,91	1	0,91	1	0,91	1	0,91	1	0,91	1
0,92	2	0,92	1	0,92	1	0,92	1	0,92	1	0,92	1	0,92	1	0,92	1	0,92	1
0,93	2	0,93	2	0,93	1	0,93	1	0,93	1	0,93	1	0,93	1	0,93	1	0,93	1
0,94	2	0,94	2	0,94	2	0,94	1	0,94	1	0,94	1	0,94	1	0,94	1	0,94	1
0,95	2	0,95	2	0,95	2	0,95	2	0,95	1	0,95	1	0,95	1	0,95	1	0,95	1
0,96	2	0,96	2	0,96	2	0,96	2	0,96	2	0,96	1	0,96	1	0,96	1	0,96	1
0,97	2	0,97	2	0,97	2	0,97	2	0,97	2	0,97	2	0,97	1	0,97	1	0,97	1
0,98	2	0,98	2	0,98	2	0,98	2	0,98	2	0,98	2	0,98	2	0,98	1	0,98	1
0,99	2	0,99	2	0,99	2	0,99	2	0,99	2	0,99	2	0,99	2	0,99	2	0,99	1